Marco Riva

Entwicklung und Charakterisierung von Sialon-Keramiken und Sialon-SiC-Verbunden für den Einsatz in tribologisch hochbeanspruchten Gleitsystemen

Schriftenreihe des Instituts für Keramik im Maschinenbau
IKM 54
Institut für Keramik im Maschinenbau
Karlsruher Institut für Technologie

Entwicklung und Charakterisierung von Sialon-Keramiken und Sialon-SiC-Verbunden für den Einsatz in tribologisch hochbeanspruchten Gleitsystemen

von
Marco Riva

Institut für Keramik im Maschinenbau (IKM),
Karlsruher Institut für Technologie

KIT Scientific Publishing

Dissertation, Karlsruher Institut für Technologie
Fakultät für Maschinenbau,
Tag der mündlichen Prüfung: 02.07.2010

Impressum

Karlsruher Institut für Technologie (KIT)
KIT Scientific Publishing
Straße am Forum 2
D-76131 Karlsruhe
www.ksp.kit.edu

KIT – Universität des Landes Baden-Württemberg und nationales
Forschungszentrum in der Helmholtz-Gemeinschaft

KIT Scientific Publishing 2010
Print on Demand

ISSN: 1436-3488
ISBN: 978-3-86644-587-1

Entwicklung und Charakterisierung von Sialon-Keramiken und Sialon-SiC-Verbunden für den Einsatz in tribologisch hochbeanspruchten Gleitsystemen

Zur Erlangung des akademischen Grades
eines
Doktors der Ingenieurwissenschaften
von der Fakultät für Maschinenbau des
Karlsruher Institut für Technologie (KIT)

genehmigte
Dissertation
von

Dipl.-Ing. Marco Riva
aus Treviglio

Tag der mündlichen Prüfung: 02.07.2010
Hauptreferent: Professor Dr. rer. nat. M. J. Hoffmann
Korreferent: Professor Dr.-Ing. U. Spicher

Vorwort

Die vorliegende Arbeit entstand während meiner Tätigkeit als wissenschaftlicher Mitarbeiter am Institut für Keramik im Maschinenbau (IKM) des Karlsruher Institut für Technologie (KIT) im Rahmen des Sonderforschungsbereichs 483 „Hochbeanspruchte Gleit- und Friktionssysteme auf Basis ingenieurkeramischer Werkstoffe“.

Mein besonderer Dank gilt Herrn Prof. Dr. M. J. Hoffmann für die Möglichkeit, diese Arbeit am Institut für Keramik im Maschinenbau durchführen zu können, für das in mich gesetzte Vertrauen und die große Freiheit bei der Gestaltung meines Projekts.

Darüber hinaus möchte ich Herrn Prof. Dr. U. Spicher für das Interesse an meiner Arbeit und die Übernahme des Korreferats danken.

Herrn Dr. R. Oberacker gilt mein Dank für seine stetige Unterstützung und die vielen konstruktiven Anregungen. Herrn Dr. T. Fett bin ich für seinen wertvollen Beitrag zur Auswertung des unterkritischen Risswachstums zu Dank verpflichtet. Bei Herrn Dr. J. Schneider möchte ich mich für die Durchführung der tribologischen Untersuchungen und die angenehme Kooperation bedanken.

Die kostbare Unterstützung von Herrn Dr. S. Fünfschilling, Herrn D. Kahraman, Herrn Dr. C. Ziebert und Herrn Dr. B. Butz weiß ich in hohem Maße zu schätzen. Meinen Kollegen aus dem Sonderforschungsbereich, Herrn Dr. J. P. Häntsche, Herrn C. Pfister und Herrn M. Wöppermann, möchte ich für die ausgesprochen nette und produktive Zusammenarbeit ebenso meinen Dank aussprechen.

Bei meinen Kollegen vom Institut für Keramik im Maschinenbau möchte ich mich sehr herzlich für das freundschaftliche Arbeitsklima, die große Hilfsbereitschaft und die anregenden Diskussionen bedanken.

Für die Unterstützung in der experimentellen Umsetzung möchte ich dem technischen Personal, insbesondere Herrn D. Creek und Herrn R. Müller, danken.

Ebenfalls zu erwähnen ist der wertvolle Beitrag zahlreicher Studenten, die im Rahmen von Diplomarbeiten oder als Hilfswissenschaftler in hohem Maße zum Gelingen dieser Arbeit beigetragen haben. Stellvertretend möchte ich an dieser Stelle Herrn D. Gelmedin, Herrn S. Solveen, Herrn P. Hunger sowie Herrn R. Blistein nennen.

Mein wichtigster Dank gilt meiner Freundin Lisa, die meiner Arbeit viel Verständnis und Geduld entgegengebracht und mich während meiner Promotionszeit immer wieder aufgebaut hat.

Zum Schluss ist es mir ein besonderes Anliegen, mich bei meinen Eltern für ihre ständige Unterstützung in meiner Ausbildung zu bedanken.

Inhaltsverzeichnis

1. Einleitung

In den letzten Jahren fand die Benzindirekteinspritzung zunehmende Verbreitung in der Automobilbranche. Bei diesem Verfahren wird der Ottokraftstoff direkt in den Brennraum eingespritzt, was eine Reduzierung von Kraftstoffverbrauch und Emissionen im Vergleich zur konventionellen Saugrohreinspritzung ermöglicht. Stand der Technik sind Systeme, die einen Maximaldruck von 20 MPa erreichen, doch langfristig wäre ein Einspritzdruck von mindestens 50 MPa erwünscht. Dies begründet sich dadurch, dass mit dessen Anstieg die Tröpfchengröße sinkt, die Gemischaufbereitung dadurch beschleunigt und somit die Qualität der Verbrennung verbessert wird.

Aufgrund der geringen Viskosität des Ottokraftstoffs kann allerdings bei höherem Förderdruck, also bei größeren Flächenpressungen zwischen Kolben und Zylinder, der Schmierfilm im Umkehrpunkt der Kolbenpumpe abreißen, so dass Festkörperreibung entsteht. Dies führt bei metallischen Komponenten zu untolerierbar hohem Verschleiß und schließlich zum Versagen der Pumpe durch Adhäsion der Reibpartner („Fressen“).

Als geeignete Werkstoffe für diesen Einsatzzweck kommen Hochleistungskeramiken in Frage, die im Gegensatz zu Metallen keine Neigung zu adhäsivem Verschleiß zeigen. Insbesondere versprechen Strukturkeramiken auf der Basis von Siliciumnitrid Erfolg bei der Anwendung in hochbeanspruchten Gleitsystemen. Diese Werkstoffe zeichnen sich durch die Kombination hoher mechanischer und tribologischer Belastbarkeit sowie chemischer und thermischer Beständigkeit aus.

Dabei bietet die aluminiumoxidhaltige Variante Sialon (Si-Al-O-N) durch die Existenz zweier kristalliner Modifikationen (α- und β-Sialon) mit jeweils unterschiedlichen Eigenschaften mehr Möglichkeiten, das Material an das Anforderungsprofil anzupassen als reine Siliciumnitridkeramiken. Sialonkeramiken werden nach der Formgebung durch einen Flüssigphasensinterprozess hergestellt. Durch die Wahl der Ausgangszusammensetzung sowie der Sinterhilfsstoffe lassen sich das α/β-Sialon-Verhältnis, das Gefüge und die physikalischen bzw. mechanischen Eigenschaften beeinflussen. Typische Einsatzgebiete dieses Materials sind

Anwendungen im Bereich des Motoren- bzw. Maschinenbaus (Ventile, Turboladerrotoren, Kugellager), in der Metallbearbeitung (Wendeschneidplatten) sowie in der Hochtemperaturtechnik.
Ziel dieser Arbeit ist die Entwicklung von Sialon-Keramiken für Anwendungen im medien-geschmierten Gleitkontakt, im Speziellen für die Anwendung in Hochdruckpumpen für die Benzindirekteinspritzung. Dazu sollen sowohl das Gefüge und die Eigenschaften der Keramik variiert, als auch gezielte Veränderungen der Oberflächen und des Randbereichs untersucht werden. Aufgrund besserer tribologischer Eigenschaften gegenüber anderen Sinteradditiven und eines positiven Effekts auf die Verdichtung mit einem sehr geringen Anteil verbleibender Korngrenzenphase, werden die untersuchten Sialonkeramiken ausschließlich mit Neodymoxid als Sinterhilfsstoff hergestellt.
Neben der Möglichkeit, die Keramik im Ganzen zu modifizieren, können die Eigenschaften der Funktionsflächen verbessert werden, da diese unter der stärksten Belastung stehen. Im Falle eines tribologischen Systems wird die Lebensdauer der Bauteile vom Versagen der Oberfläche bestimmt. Um die guten Eigenschaften der Sialon-Keramik unter tribologischer Beanspruchung weiter zu verbessern, sollen durch geeignete Randschichtmodifikationen die Härte erhöht sowie Reibung und Verschleiß minimiert werden. Ein viel versprechender Ansatz ist dabei das Versehen eines im Inneren relativ zähen Keramikkörpers mit einer nach außen zunehmend härteren Randschicht.
Insbesondere im Bereich tribologischer Anwendungen spielen Komposite mit Hartstoffzusätzen eine große Rolle. Die Einlagerung von Hartstoffen wie SiC in die Sialon- Matrix stellt eine Möglichkeit zur Erhöhung der Härte und Verschleißfestigkeit und somit der Lebensdauer von tribologisch beanspruchten Bauteilen dar. Die Verdichtung solcher Verbunde mit hohen Anteilen an SiC-Partikeln ist mit konventioneller Sintertechnik nicht möglich. Abhilfe könnte die Field Assisted Sintering Technique (FAST) bieten. In dieser Arbeit wird der Frage nachgegangen, welche Anteile und Partikelgrößen an SiC in die Sialon-Matrix erfolgreich eingebracht werden können und welche Auswirkung dies auf das mechanische und tribologische Verhalten der Verbunde hat.

In geschmierten Gleitsystemen begünstigen außerdem eine gute Fluidverteilung und ausreichende Schmierfilmdicke das Entstehen eines tragenden Schmiermittelfilms und reduzieren Reibung und Verschleiß. Dies wurde in verschiedenen Arbeiten durch Erzeugung von Schmiertaschen erreicht. Im Rahmen dieses Vorhabens soll ein analoger Effekt durch Plasmaätzen von Sialon-Oberflächen erzielt werden.

Die Anwendung als Pumpenwerkstoff beinhaltet ein Kollektiv aus tribologischer, mechanischer und chemischer Belastung. Parameter wie Härte, Bruchzähigkeit, R-Kurvenverhalten und Festigkeit sowie Reibungszahl und Verschleiß sind wichtige Bestandteile der Untersuchungen. Für den Einsatz über längere Zeiträume in realen Systemen ist weiterhin die Untersuchung des unterkritischen Risswachstums von großer Bedeutung. Dieses wurde für Sialon-Keramiken in der Literatur bisher nicht betrachtet. Es ist zu vermuten, dass dabei die oxidische Korngrenzenphase eine wichtige Rolle spielt. Entsprechende Untersuchungen für die Schmiermedien Wasser und Isooktan sollen im Rahmen dieser Arbeit in statischen Ermüdungsversuchen durchgeführt und die Risswachstumsparameter ermittelt werden.

2. Kenntnisstand

Aufgrund seiner hervorragenden mechanischen Eigenschaften, wie z.B. hohe Festigkeit, Bruchzähigkeit und Härte, ist Siliziumnitrid eine umfassend untersuchte Keramik. Es findet Anwendung als Schneidwerkzeug, in Form von Motorkomponenten, Raumfahrtteilen oder Strukturteilen für metallurgische Gießprozesse [1,2,3].

Da ein Festphasensintern dieser Keramik nicht möglich ist, werden zum Sintern Sinteradditive benötigt, um die Verdichtung zu ermöglichen. Jedoch kann die verbleibende Glasphase bei hohen Temperaturen erweichen, so dass durch viskoses Fließen eine Verschlechterung der Hochtemperatureigenschaften einsetzt [4,5]. Eine wirksame Methode zur Erhöhung der Kriech- und Oxidationsbeständigkeit von Siliziumnitrid ist der Einbau großer Anteile von Sinteradditiven aus der Korngrenzenphase in die Siliziumnitridstruktur. Es kommt hierdurch zur Bildung von Mischkristallen, die als Sialone bezeichnet werden.

Diese wurden Anfang der siebziger Jahre unabhängig voneinander durch Jack und Wilson [6] sowie Oyama und Kamigaito [7] entdeckt. Es wurde dabei gezeigt, dass Siliciumnitrid bis zu einem gewissen Grad einen Mischkristall mit Aluminiumoxid bilden kann. Die Symbole der beteiligten Elemente Silicium (Si), Aluminium (Al), Sauerstoff (O) und Stickstoff (N) gaben dieser neuen Verbindungsklasse ihren Namen.

Sialonkeramiken zeichnen sich im Vergleich zu Siliciumnitrid durch eine höhere Härte bei vergleichbarer Festigkeit und Bruchzähigkeit aus. Die sehr gute chemische und Hochtemperatur-Beständigkeit sowie ein überragendes Verschleißverhalten ermöglichen den Einsatz unter kritischen Bedingungen, wie z.B. als Schneidkeramik für die Metallbearbeitung [8].

Im Folgenden werden grundlegende Zusammenhänge des Sialon-Systems und dessen Sinterverhalten erläutert sowie auf die mechanischen und tribologischen Eigenschaften eingegangen. Weiterhin wird aufgezeigt, wie Siliciumcarbid als Verstärkungskomponente in einem Sialon-SiC-Verbund eingesetzt werden kann.

2.1 Das System M-Si-Al-O-N

Die Verdichtung von Sialon-Keramiken über den Prozess des Flüssigphasensinterns erfordert aufgrund der ebenso geringen Diffusionskoeffizienten wie beim Siliziumnitrid die Zugabe von Sinterhilfsstoffen. Folglich ist neben den Elementen Silizium, Aluminium, Sauerstoff und Stickstoff noch mindestens ein weiteres Element erforderlich.

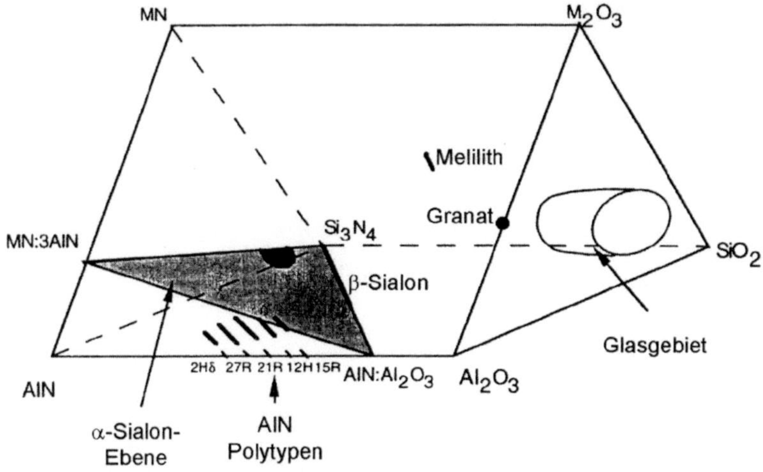

Abb. 2.1: *Jänecke-Prisma des Systems M-Si-Al-O-N.*

Dabei handelt es sich um ein Metallkation, welches mit M symbolisiert wird. Damit entsteht ein System mit fünf Komponenten, das sich auf ein quasiquaternäres System reduzieren lässt. Die beiden für diese Reduktion erforderlichen Bedingungen (eine unveränderliche Wertigkeit und somit konstante äquivalente Anteile aller Ionen sowie deren Summierung zu 100 Äq.-%) sind gegeben. Das so genannte Jänecke-Prisma (*Abb. 2.1*), dessen Stirnflächen durch die reinen Nitride bzw. Oxide definiert sind, beschreibt dieses quasiquaternäre System [9]. Die oxidreiche Seite wird durch einen glasbildenden Zusammensetzungsbereich charakterisiert, der für die Korngrenzenphase in Keramiken auf Si_3N_4-Basis bedeutsam ist. Die Eckpunkte Si_3N_4, MN:3AlN und 4/3AlN:Al_2O_3 spannen die grau eingezeichnete Sialonebene auf. Sie enthält mit den Modifkationen α- und β-

Sialon die beiden wichtigsten Phasen der Sialon-Keramiken. Ebenso ist die von Si_3N_4, AlN, Al_2O_3 und SiO_2 aufgespannte untere Prismenfläche für das Si-Al-O-N-System von besonderer Bedeutung, da sich hier die häufig auftretenden Phasen β-Sialon und eine Gruppe von AlN-reichen Substanzen, die so genannten Aluminiumnitridpolytypen, befinden.

2.1.1 α- und β-Sialon

In Siliziumnitridkeramiken tritt nur die β-Modifikation aufgrund des geringeren thermodynamischen Potenzials (freie Enthalpie) im Vergleich zur α-Modifikation auf [10]. Durch Interstition zusätzlicher Kationen kann die α-Sialon-Phase thermodynamisch begünstigt und folglich stabilisiert werden, was die Bildung beider Phasen ermöglicht [11]. Beide Sialon-Modifikationen leiten sich im kristallinen Aufbau von den entsprechenden Si_3N_4-Strukturen ab, was in *Abb. 2.2* verdeutlicht wird.

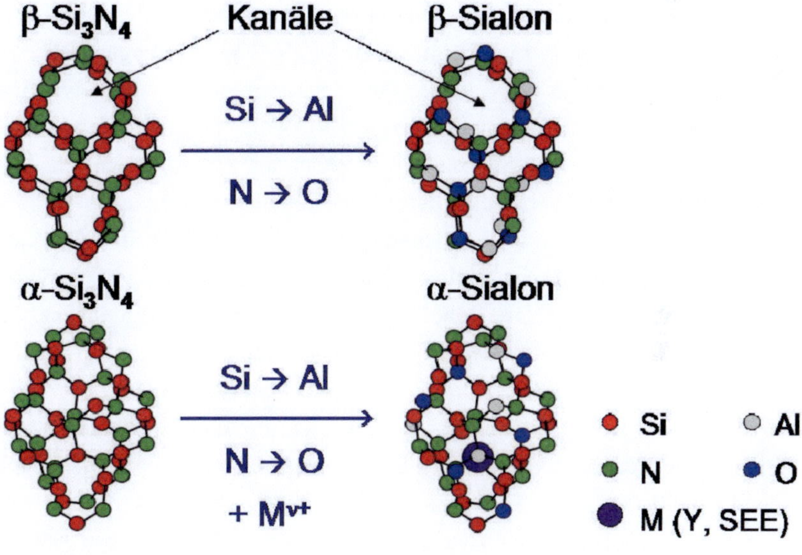

Abb. 2.2: *Strukturen der beiden Si_3N_4- und Sialonmodifikationen.*

Sie werden aus eckenverknüpften (Si, Al)(N, O)$_4$-Tetraedern geformt. Die Abfolge der Kationen und Anionen lautet in der β-Modifikation ABAB

(hexagonal) und ABCDABCD in der α-Modifikation (rhomboedrisch) [12]. Bei β-Si_3N_4 und bei β-Sialon sind parallel zur c-Achse Kanäle vorhanden, wohingegen in der α-Modifikation die CD-Ebenen gegenüber den AB-Ebenen jeweils um 180° gedreht sind. Dadurch entstehen aus den Kanälen abgeschlossene Hohlräume, in denen zusätzliche Kationen interstitiell eingebaut werden können. Im Röntgendiffraktogramm zeigen Siliziumnitrid und Sialon die gleiche Peakanordnung. Folglich besetzen Si und Al die Kationenplätze sowie O und N die Anionenplätze rein zufällig [13].
Es herrscht eine kovalente Bindung zwischen den Atomen, wobei sich die sp^3-hybridisierten Siliziumorbitale mit je einem sp^2-hybridisierten Stickstofforbital überlappen [14]. Lagern sich Aluminium und Sauerstoff ein, so nimmt die Differenz der Elektronennegativitäten und damit der ionische Bindungscharakter zu, jedoch überwiegt der kovalente Bindungsanteil weiterhin. Dreiwertige Ionen, die im α-Sialon vorhanden sind, verstärken diesen Bindungsanteil zusätzlich [15].
Der Austausch von Silizium durch Aluminium und Stickstoff durch Sauerstoff wird in der chemischen Formel für β-Sialon $Si_{6-z}Al_zO_zN_{8-z}$ wiedergegeben. Sie beruht auf zwei Einheiten Si_3N_4, dabei kann der Koeffizient z Werte zwischen 0 und 4,2 annehmen [16], vorausgesetzt, $(Si\text{-}N)^+$ wird gleichzeitig durch $(Al\text{-}O)^-$ substituiert. Lagert sich nun mehr Aluminium als Sauerstoff ein, entsteht ein negativer Ladungsüberschuss, der durch Kationen ausgeglichen werden muss, um Ladungsneutralität zu erlangen. Der Einbau zusätzlicher Kationen wird in der allgemeinen Formel für α-Sialon $M_xSi_{12-m-n}Al_{m+n}N_{16-n}$, die auf vier Einheiten Si_3N_4 beruht, erfasst. Dabei geben m und n den Substitutionsgrad im Mischkristall an, während x durch $x = m/v$ definiert und somit von der Wertigkeit v des Kations M^{v+} in der Gitterlücke abhängig ist. Die zwei unabhängigen Variablen m und n beziehen sich auf die Sialon-Ebene und definieren die genaue Lage einer Zusammensetzung. Von der Si_3N_4-Ecke startend, weist der Koeffizient m in Richtung MN:3AlN und n zu 4/3AlN:Al_2O_3, wie auch anhand der *Abb. 2.1* und *Abb. 2.3* zu erkennen ist.

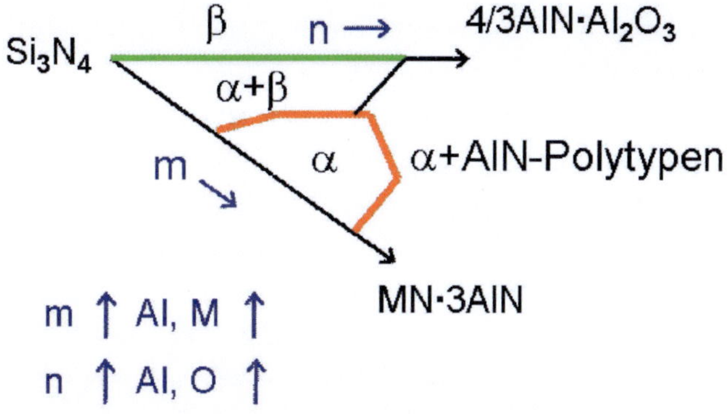

Abb. 2.3: *Ausschnitt aus der Sialon-Ebene des Jänecke-Prismas.*

Mit steigendem *m*-Wert nimmt folglich der Gehalt an Aluminium und an Element *M* zu. Höhere *n*-Werte stehen für zunehmende Anteile an Aluminium und Sauerstoff. Die Koeffizienten *m* und *n* sind nicht in der Lage, für α-Sialone beliebige Werte anzunehmen, da diese vom Element *M* und den Sinterbedingungen abhängen. Mit steigenden Temperaturen kann ein höherer Substitutionsgrad erreicht werden, was die möglichen Werte für *m* und *n* erhöht. Holzer zeigte, dass sich der Stabilitätsbereich mit abnehmendem Kationenradius immer weiter zu größeren m-Werten hin ausdehnt [17]. Mit einem Kationenradius von 0,995 Å gilt Nd^{3+} als das größtmögliche Ion, welches mit herkömmlichen Sinterverfahren interstitiell in die α-Sialon Struktur eingebaut werden kann [18]. Durch sehr hohe Sinterraten wie bei der Field Assisted Sintering Technique konnte der Einbau größerer Ionen realisiert werden [19].

Der Zusammensetzungsbereich für α-Sialon beschränkt sich nicht auf die Sialon-Ebene, sondern weitet sich mit zunehmendem Sauerstoffgehalt oberhalb der Sialon-Ebene aus [20]. So zeigte auch Holzer [21], dass mit erhöhtem Anteil am Sinteradditiv M_2O_3 und damit auch an Sauerstoff der Anteil an α-Sialon zunimmt. Dabei lag die Zusammensetzung oberhalb der α-Sialon-Ebene in Richtung der M_2O_3-Ecke.

2.1.2 Weitere Phasen

Neben den zwei bedeutendsten Phasen α- und β-Sialon sind noch die Aluminiumnitrid-Polytypen sowie die Phase Melilith zu nennen.
Die Aluminiumnitrid-Polytypen bestehen aus Al-N-Grundeinheiten, die sich entlang der kristallografischen c-Achse zyklisch wiederholen. Typische Vertreter in Sialon-Keramiken sind der Polytyp 12H mit hexagonaler und 21R mit rhomboedrischer Struktur. Die Zahl gibt dabei die Periodizität an, also die Anzahl der Einheiten, ab welcher sich die Struktur wiederholt [22]. Die chemische Zusammensetzung von 12H entspricht ungefähr $SiAl_5O_2\ N_5$ (Kat:An = 6:7), jene von 21R etwa $SiAl_6O_2N_6$ (Kat:An = 7:8) [23].
Eine weitere Zusammensetzung, die im System M-Si-Al-O-N auftritt, lautet M_2O_3:Si_3N_4. Aufgrund des ähnlichen Kristallaufbaus ist das Mineral Melilith hier namensgebend. Sie wird aus $Si(O, N)_4$–Tetraeder-Schichten, die orthogonal zur c-Achse ausgerichtet sind, gebildet. Die Schichten werden dabei von M^{v+}-Ionen zusammengehalten [24].
Nach der Formel $M_2Si_{3-x}Al_xO_{3+x}N_{4-x}$ (x = 0 …1) kann ein Aluminiumatom maximal ein Siliziumatom ersetzen. Die Phase heißt dann M'.

2.2 Sintern von Sialon

Sialon und Siliziumnitrid besitzen einen geringen Selbstdiffusionskoeffizienten, so dass selbst bei hohen Temperaturen der Materialtransport zu gering ist, um dichte Keramiken zu erreichen. Daher ist es notwendig, diesen Werkstoff durch den Prozess des Flüssigphasensinterns herzustellen. Dabei werden verschiedene Lösungs- und Kristallisations-vorgänge durchlaufen, bis sich ein dichter Werkstoff bildet.

2.2.1 Flüssigphasensintern

Die Si-, Al-, O- und N-Atome müssen nicht nur zur Probenverdichtung transportiert und umgelagert werden, sondern auch, um die beiden Modifikationen α- und β-Sialon zu bilden. Dies erfordert eine Strukturneubildung, die nur über Diffusion durch eine Flüssigphase ausreichend schnell gewährleistet wird [25]. Ist die eutektische Temperatur der beteiligten Substanzen erreicht, kommt es zur Schmelzbildung. Bei Sialonen werden Silizium- und Aluminiumnitrid sowie als Sinteradditive hochtemperaturbeständige Oxide wie Aluminiumoxid oder Seltenerdoxide verwendet.

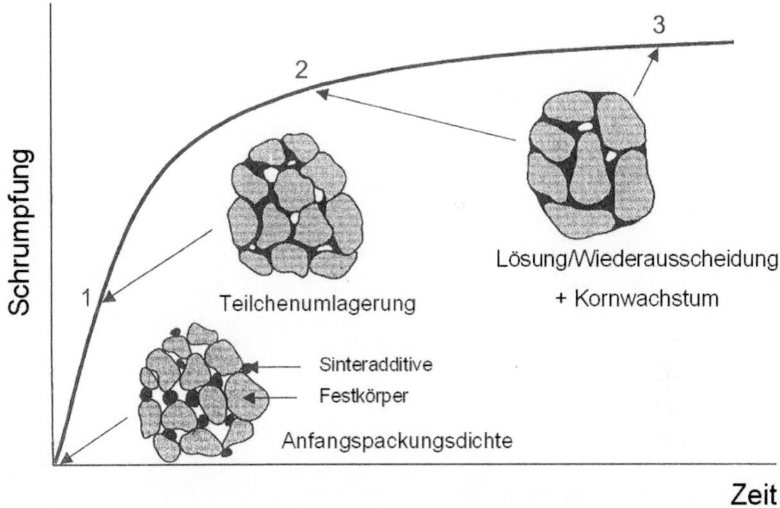

Abb. 2.4: *Verdichten über den Prozess des Flüssigphasensinterns [26].*

Der Prozess des Flüssigphasensinterns wird nach dem Modell von Kingery in drei Schritten vollzogen [27] wie *Abb. 2.4* verdeutlicht. Die Schmelzbildung ermöglicht als erstes eine rein mechanische Teilchenumlagerung zur Erhöhung der Packungsdichte. Die benetzende Schmelze wird durch Kapillarkräfte in die Kontaktzone der Teilchen gesogen und wirkt dabei wie ein Schmiermittel, so dass die Körner gegeneinander beweglich werden. Triebkraft für die Teilchenumlagerung ist das Bestreben des Systems, die Summe aller Oberflächen- bzw. Grenzflächenenergien zu minimieren.

Der zweite Schritt besteht aus dem Auflösen von Pulverpartikeln, der Diffusion der Atome und dem Wiederausscheiden als kristalline Phase. Antriebskraft dafür ist die Verringerung der Gibbschen freien Energie G während der Reaktion der Edukte zu den Produkten. Das Wachsen großer Teilchen auf Kosten kleiner wird nach dem Gibbs-Thomson-Effekt begünstigt, da Oberflächenspannung reduziert und damit auch das chemische Potenzial

verringert wird. Im Zuge der Lösung und Wiederausscheidung kommt es auch zur Mischkristallbildung, wenn die flüssige Phase in der festen löslich ist oder von mehrkomponentigen Pulvermischungen ausgegangen wird.
In der dritten Stufe kommt es zu einer Endverdichtung, die aber ähnlich den Festkörperdiffusionsvorgängen nur sehr langsam abläuft. Nach dem Prinzip der Ostwald-Reifung wachsen große Körner auf Kosten kleinerer, wodurch sich die Anzahl an Körner bei gleichzeitigem Kornwachstum verringert.
Voraussetzung für das Flüssigphasensintern ist eine genügend große Menge an flüssiger Phase, die Benetzung der Pulverpartikel durch die Schmelze und eine ausreichend hohe Löslichkeit [28]. Die Verdichtung kann durch äußeren Druck beschleunigt werden, um exzessives Kornwachstum zu vermeiden [29]. Größere Mengen an Sinteradditiven beschleunigen bei Sialon-Keramiken den Sintervorgang, da mehr Flüssigphase zur Verfügung steht [30,31]. Allerdings verbleiben nicht in der α-Sialon-Struktur gelöste überschüssige Additive als amorpher Korngrenzenfilm, können aber auch in Tripelpunkten kristallin erstarren [32].

2.2.2 Reaktionsablauf und intermediäre Phasen

Während des Flüssigphasensinterns einer Sialon-Keramik treten temporär Zwischenphasen auf, die sich im Sinterverhalten bemerkbar machen. Das Sinterverhalten wird durch die Ausgangspulver entscheidend beeinflusst. Als Ausgangspulver wird α-Si_3N_4 verwendet, da es aufgrund seiner größeren Löslichkeit gegenüber β-Si_3N_4 eine schnellere Verdichtung und höhere Wachstumsraten erzwingt [33]. Rosenflanz und Chen [34] bewiesen, dass dies kein allein auf die Partikelgröße zurückzuführender Effekt ist. Zudem hängt die Bildungsgeschwindigkeit der Sialon-Phasen von der Diffusionsgeschwindigkeit des Silizium- und Aluminiumnitrids ab [35]. Bei der Verwendung von seltenerdhaltigen Sinteradditiven bildet sich im ersten Schritt eine oxidische Schmelze bei etwa 1400 °C. Diese entsteht durch eine ternäre eutektische Reaktion der Ausgangspulver mit den Oberflächenoxiden der Nitride. Im Folgenden sind die einzelnen Reaktionen, die unter Verwendung von leichten Seltenerdelementen wie Neodym bis zur Bildung von α-Sialon durchlaufen werden, aufgeführt [21]:

- Bildung einer oxidischen Schmelze durch ternäre eutektische Reaktion

$$SiO_2 + Al_2O_3 + M_2O_3 \rightarrow (Si, Al, M)_x O_y \qquad \text{Gl. 2.1}$$

- Primäre Nitridbildung (Melilith M')

$$(Si, Al, M)_x O_y + Si_3N_4 \rightarrow M_2Si_2AlO_4N_3(M') + (Si, Al, M)_x (O, N)_y \qquad \text{Gl. 2.2}$$

- Sekundäre Nitridbildung (α-Sialon)

$$M_2Si_2AlO_4N_3(M') + (Si, Al, M)_x (O, N)_y + AlN \rightarrow \alpha - Sialon \qquad \text{Gl. 2.3}$$

Die oxidische Schmelze benetzt dabei vor allem die Si_3N_4-Partikel und ist somit reich an Si_3N_4 und M_2O_3. Ab 1420 °C scheidet sie Melilith M' aus, der mit x = 1 die maximale Aluminiumlöslichkeit aufweist (vgl. Abschnitt 2.1.2) [24]. Dieser verbraucht einen beträchtlichen Teil der Sinterhilfsstoffe, reduziert so den Anteil an Schmelze und kann bis zu Temperaturen von 1750 °C nachgewiesen werden. Erst wenn Melilith in den schmelzflüssigen Zustand übergeht, werden seine Bestandteile für das Flüssigphasensintern freigesetzt und α-Sialon kristallisiert in der sekundären Nitridbildung.
Holzer zeigte mit Hilfe von Sinterabbruchversuchen bei 1455 bis 1660 °C an neodymhaltigen Sialonen, dass sich das Neodymsilikat M' bildet, welches die Schrumpfung vorübergehend zum Erliegen bringt. Bei Zusammensetzungen mit niedrigen m-Werten konnte Melilith aufgrund der hier geringen Gehalte an Additivelement M und Aluminium nicht nachgewiesen werden. Daraus resultieren um bis zu 150 K geringere Sinterstarttemperaturen im Gegensatz zu Zusammensetzungen mit m = 1,0 [21].

2.2.3 Reversible α ↔ β - Umwandlung

Die Wärmebehandlung von Sialon-Keramiken ist eine Technik, die es ermöglicht, die Glasphase in den Korngrenzen zu verringern, um die Hochtemperatureigenschaften des Materials zu verbessern. Je nach Behandlungstemperatur kann die glasartige Korngrenzenphase in eine hochtemperaturbeständigere kristalline Oxynitridphase der Oxidphase umgewandelt werden [36]. Mandal, Thompson und Ekström stellten dabei fest, dass bei Temperaturen zwischen 1000 und 1500 °C eine Umwandlung von α- in β-Sialon erfolgen kann [37]. Eine Wärmebehandlung bei höheren

Temperaturen zeigte dabei die entgegengesetzte Reaktion β- in α-Sialon, wodurch von einer reversiblen $\alpha \leftrightarrow \beta$ Umwandlung ausgegangen wird. Dadurch besteht die Möglichkeit, eine gezielte Mikrostruktur und somit die erwünschten mechanischen Eigenschaften zu erhalten [38].

Falk et al. führten an Y-, Yb- und Nd-basierten Sialon-Systemen eine Wärmebehandlung bei 1450 °C durch und konnten zeigen, dass die Stabilität der α-Sialon-Phase stark von der Art des stabilisierenden Kations abhängt. Y und Yb wiesen dabei eine sehr stabile α-Phase auf, die auch noch nach mehrstündiger Wärmebehandlung bestehen blieb. Die neodymhaltige Variante besitzt eine weitaus instabilere α-Phase mit einer sich daraus ergebenden Bildung von β-Sialon, Melilith und AlN Politypen [39].

Die α- in β-Sialon-Umwandlung wurde in Bezug auf Einfluss des stabilisierenden Kations, Zusammensetzung, Temperatur und Zeit weitgehend untersucht. Weitaus unerforschter ist dabei die $\beta \rightarrow \alpha$ Umwandlung, speziell im Bezug auf die mechanischen Eigenschaften der so modifizierten Keramik.

2.2.4 FAST

Die „Field Assisted Sintering Technique“ (FAST) ist eine in jüngster Zeit entwickelte Methode, die es erlaubt, Keramiken innerhalb kurzer Zeit in relativ niedrigen Temperaturbereichen vollständig zu verdichten. Dieser Prozess erlaubt sehr hohe Aufheizraten (bis zu 600 K/min) sowie kurze Haltezeiten und dadurch neuartige Möglichkeiten den Sinterprozess zu gestalten. Untersuchungen an Siliciumnitrid Mitte der 90er Jahre zeigten, dass sich diese Keramik durch FAST innerhalb von 15 min vollständig verdichten lässt. Obwohl diese Technik die Sinterung stark begünstigt, ist das Vorhandensein eines flüssigphasenbildenden Additivs zur Verdichtung und $\alpha \rightarrow \beta$-Umwandlung unumgänglich [40].

Die Übertragung auf Sialone erfolgte einige Jahre später durch Shen und Nygren mit ähnlich positiven Ergebnissen. Es wurde gezeigt, dass durch hohe Aufheizraten die α-Sialon Bildung bereits bei Temperaturen von 1700 °C abgeschlossen ist und somit eine Haltezeit bei Erreichen der maximalen Sintertemperatur nicht notwendig ist. Dadurch wird eine Korngröße im sub-μ-Bereich erreicht und unerwünschtes Kornwachstum verhindert [19], was in speziellen Fällen zu transparenten bzw. transluzenten Proben führt [41]. Bei

Sintertemperaturen um 1800 °C kann dagegen ein abnormales Kornwachstum mit nadelförmigen α-Sialon Körnern hohen Steckungsgrades beobachtet werden [42].

Tatami und Chihara zeigten, dass durch diese Sintertechnologie sowohl α- als auch β-Sialone ausgehend von nanoskaligen Pulvern auch ohne Sinteradditive vollständig verdichtet werden können. Diese Sialon-Nanokeramiken besitzen exzellente Korrosionsbeständigkeit, Kriechverhalten und Hochtemperaturfestigkeit dank der fehlenden glashaltigen Korngrenzenphase [43,44].

Diese Technik eröffnet somit neue Möglichkeiten, um das Gefüge durch einfache Variation der Sinterparameter bezüglich des α/β-Sialon-Verhälnisses, der Korngröße und der Kornmorphologie maßzuschneidern. Allerdings kann es durch die sehr schnelle Verdichtung zur Ausbildung von metastabilen Phasen kommen, die bei Einsatz des Materials bei höheren Temperaturen ihre Mikrostruktureigenschaften verändern könnten.

Weiterhin ermöglicht die feldunterstützte Sintertechnik die Verdichtung von Sialon-Hartstoff-Verbunden mit hohen Anteilen an Partikeln, die mit konventioneller Sintertechnik nicht möglich wären. Hierzu zählen Sialon-TiN- [45], Sialon-cBN- [46] und Sialon-SiC-Verbunde.

2.3 Sialon-Siliziumkarbid Verbunde

Um die Eigenschaften von Nitridkeramiken für spezielle Anwendungen weiter zu verbessern, ist es möglich Fremdphasen in das Gefüge einzubauen. Dies geschieht bereits bei der Herstellung des Werkstoffs, indem die harten Substanzen auf chemischem Weg durch Reaktionssintern erzeugt oder direkt der Pulvermischung zugegeben werden. Dadurch lassen sich Merkmale wie Härte, Bruchzähigkeit, chemische Beständigkeit sowie Hochtemperatureigenschaften beeinflussen. Maßgeblich ist dabei nicht nur die Art des Zusatzes, sondern auch Menge und Größe der Partikel [47].

Die Einlagerung von Hartstoffen wie SiC in die Sialon-Matrix ist eine Möglichkeit, die Härte und Verschleißbeständigkeit und somit die Lebensdauer von tribologisch beanspruchten Bauteilen zu erhöhen [48]. Untersuchungen an anderen Sialon-Hartstoff-Verbunden mit Partikelverstärkung aus Titanborid, Titankarbonitrid [49], Molybdändisilizid

[50] oder Wolframkarbid [51] wurden in den letzten Jahren ebenfalls verstärkt unternommen.

2.3.1 Struktur und Eigenschaften von SiC

Siliziumkarbid ist durch einen hohen kovalenten Bindungsanteil charakterisiert, der auf der Elektronenkonfiguration der Elemente Kohlenstoff und Silizium beruht. SiC besitzt eine tetraedrische Koordination sowohl um das Silicium (SiC_4-Tetraeder) als auch um den Kohlenstoff (CSi_4-Tetraeder). Durch Aneinanderfügen von solchen Tetraedern, so dass die Lage jedes Tetraeders den Koordinaten der dichtesten Kugelpackung entspricht, entsteht die Struktur des SiC. Erfolgt die Ausrichtung der Tetraederschichten nach der Stapelfolge ABCABC..., so ergibt sich die kubische Struktur (β-Phase), während bei Stapelfolge ABAB... die hexagonale Struktur entsteht (α-Phase) [52,53].

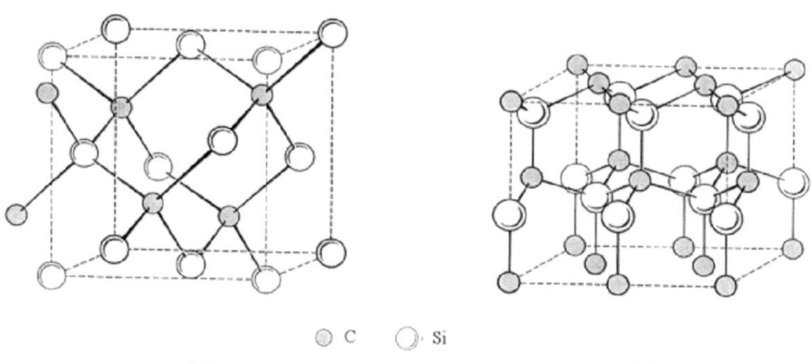

Abb. 2.5: Strukturen von SiC: kubisches β-SiC 3C (a) und die hexagonale α-Modifikation 2H (b).

Die α-Polytypen unterscheiden sich nur durch die c-Periodizität und können durch wenige Schichtfolgen wie 2H(AB) oder 4H(ABCA) bis zu sehr langen Stapelfolgen wie 783 R aufgebaut werden [54].

Aufgrund der Tatsache, dass alle Strukturvarianten aus denselben Baueinheiten bestehen und diese immer dicht gepackt sind, beträgt die theoretische Dichte für alle Typen $\rho = 3{,}214$ g/cm^3. Die Härte von SiC ist abhängig vom Sinterverfahren und erreicht für heißgepresstes bzw. heißisostatisch gepresstes

SiC eine Härte von HV 2500 bis HV 2600 [55]. Weiterhin ist die hohe Oxidationsbeständigkeit von SiC an Luft besonders hervorzuheben. Diese beruht auf der Bildung einer SiO_2-Schutzschicht an der Oberfläche in Kontakt mit Sauerstoff bei höheren Temperaturen.

Neben den Nitridkeramiken hat SiC in den letzten Jahrzehnten als gesinterter hochdichter Sonderwerkstoff starkes Interesse als Konstruktionswerkstoff für Hochtemperaturanwendungen hervorgerufen. Aufgrund der herausragenden Eigenschaften von SiC wie geringer Dichte, sehr großer Härte und Abriebfestigkeit, mechanischer Festigkeit und Wärmeleitfähigkeit, eines niedrigen Ausdehnungskoeffizienten sowie sehr guter Oxidations- und Korrosionsbeständigkeit fand es breite Anwendung unter Anderem als Schleifmittel, Heizelement, Brennhilfsmittel oder aber in anderen Feuerfesterzeugnissen wie Auskleidungen in Stahlöfen und Müllverbrennungsanlagen, Bremsscheiben und Rußfiltern [56].

2.3.2 SiC als Verstärkungskomponente

Dank des hohen E-Moduls und der sehr guten Hochtemperatureigenschaften von SiC wurde schon früh dessen Potenzial als Verstärkungsmittel für metallische und keramische Verbundwerkstoffe erkannt. Neben der Änderung des E-Moduls ist mit steigendem Volumenanteil an SiC in einer Matrix mit Abweichungen anderer mechanischer Eigenschaften wie Festigkeit, Härte und Bruchzähigkeit zu rechnen. Die Veränderungen der mechanischen Eigenschaften mit Si_3N_4 als Matrixwerkstoff wurden im Verbund zuerst mit SiC in Form von Whiskern untersucht [57]. Hoffmann stellte dabei fest, dass die Länge der Whisker im Vergleich zur Matrixkorngröße von maßgeblicher Bedeutung ist. Er folgerte, dass die Whisker mindestens so groß sein müssen wie die stängelförmigen Si_3N_4-Matrixkörner, damit die mechanischen Eigenschaften wie Bruchzähigkeit und Biegefestigkeit verbessert werden können.

Bei Anwendungen, in denen Härte und Verschleißbeständigkeit im Mittelpunkt stehen, wie der Einsatz in tribologisch belasteten Systemen, sind allerdings fein disperse SiC-Partikel erwünscht [58]. Durch Zugabe von Partikeln und die sich daraus ergebende Änderung des Diffusionskoeffizienten

und der Morphologie wird allerdings die Sinterfähigkeit beeinflusst, wodurch meistens eine Anpassung im Herstellungsprozess notwendig wird.
Bei konventionell gasdruckgesinterten Sialon-SiC-Verbunden verschlechtern SiC Gehalte von über 10 Vol.-% das Verdichtungsverhalten und führen zu einer Verringerung der relativen Dichte und damit zu schlechten mechanischen Eigenschaften [59]. Grund dafür ist, dass die SiC-Partikel unter diesen Bedingungen nicht am Flüssigphasensinterprozess teilnehmen und somit die Verdichtung der Sialon-Matrix behindern. Um dem entgegenzuwirken, muss der Sinteradditivüberschuss proportional zum Partikelgehalt gesteigert werden, wodurch SiC-Gehalte bis 30 Vol.-% erreicht werden können [48].
Es wird dabei beobachtet, dass SiC-Partikel sowohl in der Korngrenzenphase als auch im Inneren der β-Sialon-Phase angeordnet sein können. Es scheint, dass während des Sintervorgangs die kleineren SiC-Partikel bevorzugt in die wachsenden β-Sialon-Körner eingeschlossen werden, während die größeren in die Korngrenzen gelangen. Höhere Anteile an SiC führen zu einer feineren Mikrostruktur mit einer geringeren Anzahl an nadeligen β-Sialon-Körnern, da die Partikel das Kornwachstum behindern [60].
Wie erwartet, kann die Härte von α/β-Sialon durch Einlagerung von SiC-Partikeln gesteigert werden. Eine maximale Steigerung von 25 % konnte durch die Zugabe von 25 Vol.-% SiC erreicht werden. Die Härte steigt allerdings nicht linear mit zunehmendem SiC Gehalt an. Bei Gehalten über 25 Vol.-% ist eine Härtesteigerung nicht mehr zu realisieren, da mit höherem Partikelgehalt gleichzeitig der Sinteradditivüberschuss gesteigert werden muss. Mehr Sinteradditiv führt zu einem größeren Anteil an Glasphase nach dem Sintervorgang, was eine verringerte Härte zur Konsequenz hat.
Die Einlagerung von SiC verhindert weiterhin das gestreckte Wachstum der α-Sialon-Phase. Die Risszähigkeit nimmt mit zunehmendem SiC-Anteil im Allgemeinen ab, sofern letzterer als Partikel vorhanden ist [61].

2.4 Mechanische Eigenschaften

Die mechanischen Eigenschaften von keramischen Werkstoffen werden nicht nur durch die intrinsischen Eigenschaften bestimmt, sondern auch durch die Kornmorphologie und die amorph oder teilkristallin erstarrte Zwischenphase beeinflusst. Somit werden die mechanischen Eigenschaften von Sialonen und Sialon-SiC-Verbunden insbesondere durch den Herstellungsprozess und die Menge an Sinteradditiven bestimmt.

Der E-Modul von Sialon entspricht etwa dem von Siliziumnitrid und liegt bei 320 GPa [8]. Deutlich steifer ist SiC, dessen E-Modul bei 420 GPa liegt [55].

2.4.1 Härte

Die Härte ist ein Widerstandsmaß gegen das Eindringen eines Körpers in einen Werkstoff und hängt von den Kristallen und der Korngrenzenphase der flüssigphasengesinterten Keramiken ab. Sialon-Keramiken weisen unterschiedliche Härten auf, da sie aus einer oder beiden Modifikationen, einer Korngrenzenphase und evtl. Sekundärphasen aufgebaut sind. Ähnlich wie Siliziumnitrid besitzt β-Sialon eine Härte im Bereich von 1600 HV10. Deutlich höher ist die Härte von α-Sialon, das Werte bis über 2000 HV10 aufweist [12]. Der Unterschied resultiert aus der Struktur. Die Kanäle des β-Sialons erleichtern das Verschieben von Materie in diese und erleichtern somit Versetzungsbewegungen. Hingegen erschweren der größere Burgersvektor und die interstitiell eingelagerten Kationen des α-Sialons die plastische Verformung [62,63]. Die Korngrenzenphase besitzt Härten zwischen 900 bis 1000 HV10 und reduziert mit steigendem Anteil die Härte der Sialon-Keramik [12].

Wie in Abschnitt 2.3.2 erwähnt, konnte die Härte von Sialonen durch Einlagerung von SiC-Partikeln gesteigert werden. Souza [61] untersuchte heißgepresste α-Sialon-SiC-Verbunde mit SiC-Konzentrationen von 5 bis 20 Vol.-%. Deren Härte nach Knoop stieg mit zunehmendem SiC-Gehalt von 20 GPa auf knapp 22 GPa. Arbeiten von Bitterlich an gasdruckgesinterten α/β-Sialonen zeigten ähnliche Ergebnisse mit einer Härtesteigerung von 1700 auf knapp 2100 HV10 durch die Zugabe von 25 Vol.-% SiC [60].

2.4.2 Bruchzähigkeit und Festigkeit

Die Bruchzähigkeit, also der Widerstand des Werkstoffs gegen instabile Rissausbreitung, hängt ebenfalls stark vom Gefüge ab. Bei Betrachtung der interatomaren Kräfte im Gitter läge die theoretische Festigkeit von Keramiken in einer Größenordnung von 1/10 bis 1/5 des E-Moduls. Die in der Praxis erreichbaren Werte liegen allerdings etwa zwei Größenordnungen unterhalb des theoretisch möglichen Wertes [64]. Die Ursache dieser Diskrepanz liegt darin, dass der Bruch keramischer Werkstoffe von Inhomogenitäten und Defekten im Gefüge wie beispielsweise Einschlüssen, Poren oder Mikrorissen ausgeht. Im Bereich solcher Fehlstellen kommt es zu einer Spannungsüberhöhung im Werkstoff, da im keramischen Gefüge durch die starke kovalente oder ionische Bindung keine ausreichende plastische Verformung möglich ist. Die lokale Spannung an der Rissspitze liegt dann um ein Vielfaches höher als die Nennspannung, was zu ausgeprägtem Sprödbruchverhalten der Keramik führt [65].

Die Spannungsüberhöhung an der Rissspitze ist abhängig von der am rissbehafteten Bauteil angelegten äußeren Spannung σ_a sowie von der Wurzel aus der Risslänge *a*. Diese grundlegende Gesetzmäßigkeit führt zur Definition des Spannungsintensitätsfaktors als Maß für die Beanspruchung des Rissspitzenbereichs (Gl. 2.4).

$$K_I = \sigma_a \sqrt{a} Y \qquad \text{Gl. 2.4}$$

Der Geometriefaktor *Y* ist eine Funktion der Rissgröße und Form, bezogen auf die geometrischen Abmessungen des rissbehafteten Bauteils. Der Index des Spannungsintensitätsfaktors kennzeichnet den Belastungsmodus des Risses, wobei Modus I den kritischsten Belastungszustand, die Zugbeanspruchung, charakterisiert.

Wird nun ein rissbehaftetes Bauteil belastet, nimmt K_I mit zunehmender Belastung zu, bis bei einem kritischen Wert instabile Rissausbreitung einsetzt. Dieser kritische Wert ist die Risszähigkeit K_{Ic}, die auch als Bruchzähigkeit bezeichnet wird.

Die Bruchzähigkeit von Sialonen liegt mit Werten zwischen 4 und 7 $MPam^{1/2}$ etwas unterhalb der K_{Ic}-Werte von Siliziumnitrid, die bis 9 $MPam^{1/2}$ reichen [66,67]. Die nadelige Kornmorphologie der β-Si_3N_4-Körner und das relativ leichte Ablösen der Kristalle von der Korngrenzenphase lassen Rissverstärkungsmechanismen wie Rissablenkung, -überbrückung und pull-out in Siliziumnitrid-Keramiken wirksam werden [68]. Elastische Brückenbildung bzw. pull-out-Effekte wurden für dünne nadelförmige Körner (d < 1 μm) beobachtet, während Rissablenkung bei größeren Körnern (d > 1 μm) aktiviert wird [69].

In Sialon-Keramiken wird dagegen die Grenzflächenablösung durch zusätzliche Bindungen zwischen Aluminium und Sauerstoff erschwert [70], was verstärkt zu transkristalliner Rissausbreitung führen kann. Zudem bringen nur die nadelförmigen β-Sialon-Kristalle die Voraussetzungen für Verstärkungsmechanismen mit sich. Steigt also der Anteil an β-Sialon-Kristallen, so nimmt die Bruchzähigkeit im Allgemeinen zu. Erst in den letzten Jahren konnten durch geeignete Verfahren nadelförmige α-Sialon-Kristalle mit hohem Streckungsgrad realisiert werden, welche die Risszähigkeit steigern [71].

Die Einlagerung von SiC-Partikeln verhindert dagegen das gestreckte Wachstum der α-Sialon-Phase. Die Risszähigkeit zeigt im Allgemeinen eine Abnahme mit zunehmendem SiC-Anteil wenn dieser als feindisperse Partikel vorhanden ist. Bei SiC-Anteilen von 20-30 Vol.-% wurde eine Verringerung der K_{Ic}-Werte von bis zu 20 % beobachtet [59,60].

2.4.3 R-Kurven-Verhalten

Bei Belastung einer Probe mit scharfem Anriss nimmt der Spannungsintensitätsfaktor K_I zu, bis der kritische Werkstoffkennwert K_{Ic} erreicht ist und Rissverlängerung einsetzt. Während der weiteren Rissausbreitung ist der Werkstoffwiderstand in der Regel konstant, d. h. unabhängig von der Größe der Rissverlängerung Δa.

Für Anwendungen unter erhöhten mechanischen Belastungen und Forderung einer besonders hohen Zuverlässigkeit und Schadenstoleranz wurden keramische Werkstoffe mit besonderen Verstärkungsmechanismen entwickelt. Diese zeichnen sich dadurch aus, dass der Werkstoffwiderstand mit zunehmender Rissverlängerung zunimmt. Dieses Phänomen wird als R-Kurvenverhalten (R- von *rising*) bezeichnet, wobei das Rissausbreitungsverhalten dann nicht mehr durch einen Wert K_{Ic}, sondern durch den ansteigenden Risswiderstand K_{Ir} über der Rissverlängerung Δa charakterisiert wird [65]. Die keramischen Hochleistungswerkstoffe mit den aktuell höchsten Risszähigkeiten und Festigkeiten (insbesondere ZrO_2 und Si_3N_4) weisen ein ausgeprägtes R-Kurvenverhalten auf. Bei ZrO_2 bzw. ZrO_2-verstärkten Keramiken kann es durch die Phasenumwandlung von metastabilem tetragonalem ZrO_2 in die monokline Phase während der Rissausbreitung zu Druckspannungen und Sekundärrissen kommen, die zur Herabsetzung des Spannungsintensitätsfaktors an der Rissspitze führen [72].

Typisch für Si_3N_4 ist dagegen die Ausbildung eines stängelförmigen Gefüges mit Körnern hohen Streckungsgrades [73]. Breitet sich ein Riss entlang der Korngrenzen aus (intergranulare Rissausbreitung), erschweren die hochfesten, miteinander verzahnten Körner die weitere Rissöffnung und übertragen dabei hohe Kräfte über die Rissflanken hinweg. Dadurch wird die Rissspitze entlastet und abgeschirmt, so dass die aufbringbare Beanspruchung bzw. die Risszähigkeit des Werkstoffs mit fortschreitendem Risswachstum ansteigt [74,75]. Dieser Mechanismus kann auch bei anderen keramischen Werkstoffen bei geeigneter Gefügeausbildung oder durch Einbau entsprechender Verstärkungskomponenten wie z.B. Whiskern, Fasern, Platelets, etc., erreicht werden. Diese Art von Verstärkungsmechanismen kann nur wirksam sein, solange die Rissflanken in Kontakt sind und dadurch Kräfte übertragen können. Somit zeigen die meisten Materialien einen Anstieg der R- Kurve bis zu einem Plateauwert, bei welchem die Geschwindigkeit der Bildung von Verstärkungsmechanismen der Auflösung der Verstärkungsmechanismen entspricht.

Erste R-Kurven an Sialonen wurden 2001 von Zenotchkine und Chen an heißgepressten α-Sialon-Varianten mit unterschiedlichen Sinteradditiven gemessen [76]. Es zeigte sich dabei eine große Variation in Höhe und Gestalt der R-Kurven. Einerseits Sialone mit Maximalwerten von 3 $MPam^{1/2}$ und flachem Verlauf der R-Kurve, andererseits Materialvarianten mit ansteigenden Kurven bis hin zu 1000 µm Risslänge mit Maximalwerten von 10 $MPam^{1/2}$. Wie bei Si_3N_4 korreliert dabei die Mikrostruktur sehr stark mit dem R-Kurven-Verhalten. Die niedrigsten Werte entsprechen den unteren Grenzwerten für Si_3N_4 Keramiken [62] und wurden für Ca-basierte Sialone mit einer sehr feinen Mikrostruktur und äquiaxialem Gefüge mit ca. 0,5 µm mittlerer Korngröße gemessen. Im Gegensatz dazu zeigte sich die Tendenz, dass große langgestreckte Körner bei steilem Anstieg der R-Kurve einen hohen Bruchzähigkeitswert aufweisen. Die höchsten Zähigkeiten wurden für Materialvarianten mit einem bimodalen Gefüge mit großen langgestreckten Körnern von bis zu 30 µm Länge und 5 µm Breite erreicht. Diese konnten nur durch Zugabe von langgestreckten α-Sialon-„Keimen“ erreicht werden.

Die Sialone mit flachen R-Kurven und geringer Zähigkeit zeigen einen geraden Rissverlauf, dagegen folgen die Risse bei den Varianten mit ansteigenden R-Kurven und höheren K_{Ic} eher „Zickzack-förmigen“ Risspfaden.

Der Einfluss der Sinterparameter wie Aufheizrate, Haltezeiten und Maximaltemperatur spielt eine entscheidende Rolle in Bezug auf die Gefügeeigenschaften von Sialonen. So kann durch die Anpassung dieser Systemgrößen auf die jeweiligen Additivsysteme das R-Kurven-Verhalten maßgeschneidert werden [77].

Rissspitzenzähigkeit K_{I0}

Ein Riss in einem Bauteil beginnt zu wachsen, wenn der von außen angelegte Spannungsintensitätsfaktor K_{appl} die Rissspitzenzähigkeit K_{I0} überschreitet. Daher ist der Wert von K_{I0} von großer Bedeutung für die Auslegung von rissbehafteten keramischen Komponenten gegen die Ausbreitung von stabilem Risswachstum.

Die Rissspitzenzähigkeit von Sialonen wurde in der Literatur bisher nicht behandelt. Theoretisch könnte vom ersten Teil der R-Kurve K_{I0} bestimmt werden, doch die wenigen Arbeiten, in denen für Sialone R-Kurven für stabile Rissausbreitung gemessen wurden, gehen von Startkerben mit Kerbgrunddurchmessern von etwa 25 µm aus [76]. Wie in [78] gezeigt, führt die Anwendung des Ansatzes für lange Risse im Falle eines von einer endlich großen Kerbe ausgehenden kurzen Risses zu übertrieben hohen Spannungsintensitätsfaktoren und folglich zu übermäßig hohen Werten für K_{I0}. Eine davon unabhängige Methode zur Bestimmung der Rissspitzenzähigkeit ist die Auswertung des Rissöffnungsprofils δ (crack-opening displacement = COD) sehr nahe an der Rissspitze, wobei $K_{I0} \propto \delta$. Diese Methode wurde umfangreich an Al_2O_3 [79,80] und Si_3N_4 [81,82] angewandt und wird im Rahmen dieser Arbeit an Sialon-Keramiken umgesetzt.

2.4.4 Unterkritisches Risswachstum

Bei vielen keramischen Werkstoffen geht dem instabilen Bruch ein stabiles Risswachstum voraus. Dabei verlängert sich ein Riss der Anfangsgröße a_i langsam bis zu einer von der Belastung abhängigen kritischen Größe a_c, bei der dann instabile Rissausbreitung einsetzt [83]. Dieses Verhalten kann zusätzlich durch die Umgebungsbedingungen beeinflusst werden. Obwohl die chemische und thermische Beständigkeit im Vergleich zu Metallen oder Kunststoffen wesentlich höher ist, muss selbst bei Raumtemperatur mit Effekten gerechnet werden, die die Lebensdauer beeinträchtigen können. Dies ist insbesondere der Fall bei Spannungsrisskorrosion unter Einfluss der Luftfeuchtigkeit, die verstärkt in polykristallinen Keramiken mit glashaltiger Korngrenzenphase auftritt. Dabei wird das atomare Netzwerk der Glasphase durch die Anlagerung von Hydroxidionen (OH^-) geschwächt, so dass vergleichsweise kleine Kräfte ausreichen, um die Bindungen des Netzwerkes zu dehnen und aufzubrechen [84]. Somit wird das Risswachstum durch die gleichzeitige Einwirkung der Umgebungsatmosphäre und der angelegten Spannung erleichtert. Besonders anfällig sind oberflächennahe Risse infolge der Zugänglichkeit für Feuchtigkeit und des Vordringens der OH^--Ionen bis an die Rissspitze. Diese Risse wachsen dann, wenn auch zunächst nur langsam, bereits bei einem Spannungsintensitätsfaktor $K_I < K_{Ic}$ [85].

Zur Darstellung des unterkritischen Risswachstums kann die Risswachstumsgeschwindigkeit als Funktion des Spannungsintensitätsfaktors K_I aufgetragen werden. Die meisten keramischen Werkstoffe verhalten sich entsprechend der typischen v-K-Kurve nach *Abb. 2.6.* Unterhalb eines Schwellenwertes K_{I0} wurde bei einigen Werkstoffen kein Risswachstum beobachtet. Bei steigender Belastung stellt sich zunächst eine langsame Risswachstumsgeschwindigkeit ein, die im Bereich I mit steigendem Spannungsintensitätsfaktor zunächst nach dem Potenzgesetz (Gl. 2.5) zunimmt [65].

$$v = \frac{da}{dt} = A \cdot K_I^n = A^* \left(\frac{K_I}{K_{Ic}} \right)^n \qquad \text{Gl. 2.5}$$

Dabei sind die Parameter A bzw. A^* (die Risswachstumsrate bei $K = K_{Ic}$) und n (der Risswachstumsexponent) abhängig von Material, Temperatur und Umgebungsmedium.

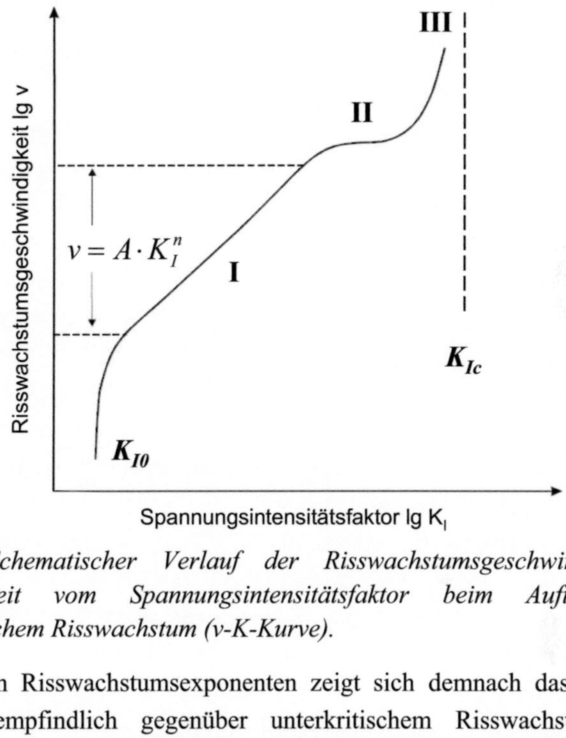

***Abb. 2.6:** Schematischer Verlauf der Risswachstumsgeschwindigkeit in Abhängigkeit vom Spannungsintensitätsfaktor beim Auftreten von unterkritischem Risswachstum (v-K-Kurve).*

Bei kleinen Risswachstumsexponenten zeigt sich demnach das untersuchte Material empfindlich gegenüber unterkritischem Risswachstum. Dieser Bereich wird durch die Diffusion der Moleküle des Umgebungsmediums an die Rissspitze und dessen Reaktionsgeschwindigkeit mit den Bindungen der Korngrenzenphase bestimmt. Die Risswachstumsgeschwindigkeit ist deshalb stark von der Konzentration dieser Stoffe sowie von der anliegenden Spannung abhängig.

Bei höheren Risswachstumsgeschwindigkeiten kann ein Plateau (Bereich II) auftreten, in dem die Rissgeschwindigkeit nicht mehr weiter ansteigt. Eine

Steigerung des Spannungsintensitätsfaktors kann dabei keine Rissbeschleunigung mehr bewirken, da die Diffusion des „korrosiven“ Mediums an die Rissspitze als geschwindigkeits-bestimmender Prozess dominiert.

Mit weiter steigenden Risswachstumsgeschwindigkeiten münden diese in einem Bereich, der keinen Umgebungseinfluss mehr zeigt (Bereich III). Dabei beträgt der Spannungsintensitätsfaktor bereits Werte um K_{Ic}. Wird die Risszähigkeit K_{Ic} erreicht, erfolgt instabile Rissausbreitung mit Risswachstumsgeschwindigkeiten in der Größenordnung der Schallgeschwindigkeit.

Zur Abschätzung der Lebensdauer ist vor allem Bereich I von Bedeutung, weil das Risswachstum hier so langsam ist, dass Lebensdauerprognosen von Bauteilen in der Größenordnung von Jahren möglich sind [86].

Für die Bestimmung der Risswachstumsparameter bietet sich der dynamische oder der statische Biegeversuch an. Der dynamische Biegeversuch wird in Analogie zur Festigkeitsbestimmung durchgeführt, dabei jedoch die Belastungsgeschwindigkeit $\dot{\sigma} = d\sigma / dt$ über mindestens 4 Größenordnungen hinweg variiert, typischerweise von 0,01-100 MPa/s [87]. Die ermittelte Festigkeit steigt typischerweise mit zunehmender Versuchsgeschwindigkeit und erreicht bei hohen Geschwindigkeiten einen Plateauwert, der gegen die Inertfestigkeit strebt. Unter der Annahme, dass das Potenzgesetz gilt, können aus der Geschwindigkeitsabhängigkeit der Festigkeit die Risswachstumsparameter ermittelt werden. Bei dieser Vorgehensweise wird die Bruchspannung allerdings durch das Risswachstum bei relativ hohen Wachstumsgeschwindigkeiten dominiert, während für die Lebensdauervorhersage niedrige Geschwindigkeiten von größerem Interesse sind.

Beim statischen Biegeversuch unter konstanter Last können die Versuche so ausgelegt werden, dass auch Lebensdaueranteile mit sehr geringen Wachstumsgeschwindigkeiten relevant werden [65]. Die Proben werden dabei mit Hilfe von Totgewichten bei unterschiedlichen Lastniveaus statisch belastet und die Zeit bis zum Bruch registriert. Bei niedrigen Lasten können sich allerdings die Versuchszeiten sehr stark verlängern. Üblicherweise werden daher bei Versuchszeiten von mehreren 100 Stunden die Versuche abgebrochen und die Proben als „Durchläufer“ deklariert.

Aus der Definition des Spannungsintensitätsfaktors (Gl. 2.4) und des Potenzgesetzes für unterkritisches Risswachstum (Gl. 2.5) ergibt sich für beliebige zeitabhängige Spannungen $\sigma(t)$:

$$\int_0^{t_B} \sigma(t)^n \,\mathrm{d}t = B\sigma_\mathrm{c}^{n-2}[1-(\sigma_\mathrm{B}/\sigma_\mathrm{c})^{n-2}]\,, \qquad \text{Gl. 2.6}$$

wie detailliert in [65] beschrieben. Der Materialparameter B fasst dabei bruchmechanische Daten zusammen:

$$B = \frac{2K_\mathrm{Ic}^2}{A^*Y^2(n-2)} \qquad \text{Gl. 2.7}$$

(mit $Y = 1{,}3$ für halbkreisförmige Oberflächenfehler).

Aufgrund der bei keramischen Werkstoffen auftretenden hohen Werte von $n > 10$ kann der zweite Term in eckigen Klammern in Gl. 2.6 vernachlässigt werden, wenn σ_B etwas geringer ist als σ_c, wodurch sich die Gleichung vereinfacht zu:

$$\int_0^{t_B} \sigma(t)^n \,\mathrm{d}t = B\sigma_\mathrm{c}^{n-2}\,. \qquad \text{Gl. 2.8}$$

Für den Fall statischer Belastung (σ = const.), wie sie im Rahmen dieser Arbeit auftritt, ergibt sich aus Gl. 2.8:

$$t_B = B\sigma_\mathrm{c}^{n-2}\sigma^{-n}\,. \qquad \text{Gl. 2.9}$$

Eine einfache Methode, um die Risswachstumsparameter aus dem Potenzgesetz zu bestimmen, sind statische Versuche bei unterschiedlichen Lastniveaus mit Messung der bis zum Bruch vergehenden Zeit t_B. Dabei ist eine Bestimmung von n und B bzw. A^* aus Gl. 2.9 bzw. Gl. 2.7 möglich. Wird dabei σ über t_B doppelt-logarithmiert aufgetragen, resultiert der Exponent n aus der Steigung der erhaltenen Geraden und der Wert $B\sigma_\mathrm{c}^{n-2}$ aus dem Ordinatenabschnitt. Diese Art der Bestimmung von A^* und n ist bei größeren Streuungen der zum gleichen Lastniveau gehörenden Lebensdauern relativ unsicher. Abhilfe bietet eine zweite Variante der Lebensdauerauswertung, welche auf einer statistischen Auswertung der Lebensdauern basiert. Dabei wird die Lebensdauerformel (Gl. 2.9) mit der Weibull-Verteilung der Festigkeit (Gl. 3.24) verknüpft, wodurch sich die Weibull-Verteilung der Lebensdauern ergibt:

$$F = 1 - \exp\left[-\left(\frac{t_B}{t_0}\right)^{m^*}\right] \qquad \text{Gl. 2.10}$$

Der Weibull-Exponent der Lebensdauerverteilung ist:

$$m^* = \frac{m}{n-2} \qquad \text{Gl. 2.11}$$

Der Weibull-Parameter t_0 ergibt sich aus

$$t_0 = B\sigma_0^{n-2}\sigma^{-n}. \qquad \text{Gl. 2.12}$$

Aus Gl. 2.10 bis Gl. 2.12 folgt:

$$\ln\ln\frac{1}{1-F} = \frac{m}{n-2}\ln t_B + \frac{m}{n-2}\ln\left(\frac{\sigma^n}{B}\right) - m\ln\sigma_0 \qquad \text{Gl. 2.13}$$

Bei einer Auftragung von ln ln (1/1-*F*) gegen ln t_B ergibt sich somit eine Gerade mit der Steigung m^*.

Nachteilig ist auch bei dieser Methode, dass die Art des Risswachstumsgesetzes fest vorgegeben ist und nur die zugehörigen Parameter bestimmt werden. Um dies zu vermeiden, wurde von Fett und Munz eine alternative Auswertung des Lebensdauerversuchs vorgeschlagen [88]. Die sog. „Modifizierte Lebensdauermethode“ besitzt die Vorteile der herkömmlichen Lebensdauermethoden, gestattet aber zusätzlich die Ermittlung der gesamten v-K_I-Kurve unabhängig vom Potenzgesetz. Dabei muss sowohl die Inertfestigkeit σ_c als auch die Lebensdauer t_B bekannt sein, um die Risswachstumsgeschwindigkeit nach Gl. 2.14 bzw. Gl. 2.15 bestimmen zu können. Da dies nicht mit derselben Probe bestimmbar ist, müssen statistische Methoden angewandt werden. Dabei wird an zwei Serien mit der gleichen Anzahl an Proben die Inertfestigkeit bestimmt bzw. im statischen Biegeversuch belastet und die Lebensdauer registriert. Anschließend werden Inertfestigkeit und Lebensdauer nach steigenden Werten geordnet und dem i-ten Festigkeitswert die i-te Lebensdauer zugeordnet.

$$v(K_{Ii}) = -\frac{2}{t_B \sigma_c^2}(K_{Ic}/Y_i)^2 \frac{d[\log(K_{Ii}/K_{Ic})]}{d[\log(t_B \sigma^2 Y_i^2)]} \quad \text{Gl. 2.14}$$

$$v(K_{Ii}) = -\frac{2}{t_B \sigma_c^2}(K_{Ic}/Y_i)^2 \frac{d[\log(\sigma/\sigma_c)]}{d[\log(t_B \sigma^2)]} \quad \text{Gl. 2.15}$$

Das medienbedingte unterkritische Risswachstum wurde für Gläser, Oxidkeramiken und Siliciumnitrid weitgehend untersucht [89,90,91]. Im Vergleich zu anderen Keramiken tritt das unterkritische Risswachstum bei Siliciumnitrid erst bei hohen Belastungen nahe der kritischen Spannung auf. Es wurden in statischen Versuchen an Luft Risswachstumsexponenten n von 30 bis 300 gemessen [1]. Die Wachstumsraten stiegen dabei unter wässrigen Lösungen an und wiesen Risswachstumsexponenten zwischen 30 und 50 auf [91,92]. Dabei zeigte sich allerdings eine weitestgehende Unabhängigkeit von den pH-Werten. Der Grund dafür ist, dass die oxinitridische Glasphase der Nitridkeramiken resistenter gegenüber unterkritischem Risswachstum im Vergleich zu einer rein oxidischen ist [93]. Das medienbedingte unterkritische Risswachstum an Sialon-Keramiken wurde in der Literatur bisher nicht behandelt. Es ist zu vermuten, dass dabei die oxinitridische Korngrenzenphase wie bei Siliciumnitrid eine wichtige Rolle spielt.

2.4.5 Tribologische Eigenschaften

Tribologie befasst sich mit den Gebieten von Reibung, Verschleiß und Schmierung von aufeinander einwirkenden Oberflächen in Relativbewegung. Der Begriff tribologisches System drückt bereits aus, dass Reibung und Verschleiß keine Werkstoffeigenschaften sind, sondern Systemeigenschaften. Dabei muss die Gesamtheit der bei einem tribologischen Vorgang beteiligten stofflichen Partner in ihrem Zusammenwirken, dem Belastungskollektiv und den daraus resultierenden tribologischen Kenngrößen und Wechselwirkungen berücksichtigt werden. Die stofflichen Elemente eines Tribosystems sind der Grundkörper, der Gegenkörper, der Zwischenstoff und das Umgebungsmedium. Die beiden wichtigsten Parameter sind die Reibungszahl, welche die auftretende Reibungskraft zur Normalkraft in Relation setzt, und der Verschleiß, der meist als linearer oder volumetrischer Abtrag erfasst wird [94].

Bei der Gleitreibung findet eine translatorische Relativbewegung sich berührender Materialbereiche im Kontaktgebiet statt. Durch die Anwendung von Schmierstoffen können Reibung und Verschleiß stark minimiert werden, indem der unmittelbare Kontakt von Grund- und Gegenkörper unterbrochen wird. In Abhängigkeit von der geometrischen Gestaltung und Anordnung der Kontaktpartner, ihrer Oberflächenrauheit, der Schmierstoffviskosität, der Geschwindigkeit und der Belastung werden unterschiedliche Reibungszustände durchlaufen, die mit der Stribeck-Kurve beschrieben werden können (*Abb. 2.7*). Diese gibt die Reibungszahl μ als Funktion einer Parameterkombination aus Schmiermittelviskosität η, Geschwindigkeit v und Normalkraft F_N bzw. Pressung p wieder. Mit steigender Schmierfilmdicke h, die mit wachsenden Werten der genannten Parameterkombination zunimmt, werden folgende Reibungsarten durchlaufen: [95]

Festkörperreibung: Es besteht direkter Kontakt zwischen den Oberflächen der beiden Reibpartner mit hoher Reibung und starkem Verschleiß durch das Einebnen von Oberflächenerhöhungen. Bei ungünstiger Werkstoffpaarung können die Oberflächen stellenweise miteinander kaltverschweißen, es kommt zu Adhäsion. Bei anschließender Relativbewegung werden die Festkörperoberflächen abgeschert, so dass es zu Löchern und schuppenartigen Materialteilchen kommt, die oft an der Gleitfläche des härteren Partners haften bleiben.

Grenzreibung: Diese ist als Sonderfall der Festkörperreibung anzusehen, bei dem die tribologisch beanspruchten Oberflächen durch einen molekularen Schmierfilm getrennt sind. Dadurch ergeben sich etwas geringere Reibung und niedrigere Verschleißraten als bei reiner Festkörperreibung.

Mischreibung: Sobald sich mit zunehmender Gleitgeschwindigkeit ein dünner Schmierfilm bildet, wird ein Teil der Belastung durch hydrodynamische Wirkung von diesem aufgenommen, während der verbleibende Anteil weiterhin durch Festkörperkontakt im Bereich der Profilspitzen übertragen wird. Dabei ist die Reibungskraft geringer als bei Festkörper- sowie Flüssigkeitsreibung, der Verschleiß jedoch höher als bei reiner Flüssigkeitsreibung. Dabei kann es wie bei Festkörperreibung zu Adhäsion, aber vor allem verstärkt zu Ritzung und Mikrozerspanung durch Eindringen der Rauheitsspitzen eines der Reibungspartner in die Randschicht des anderen, zum so genannten abrasiven Verschleiß, kommen. Dieser Zustand ist daher im Dauerbetrieb unerwünscht, aber oft unvermeidlich.

Flüssigkeitsreibung: Durch eine viskose, hydrodynamisch tragfähige Zwischenschicht kommt es zur vollständigen Trennung der Reibpartner. Die entstehende Reibung beruht darauf, dass die Schmierstoffmoleküle aufeinander gleiten und ist von den rheologischen Eigenschaften des Schmiermittels abhängig. Im Idealfall erhält man somit einen nahezu verschleißfreien Betrieb.

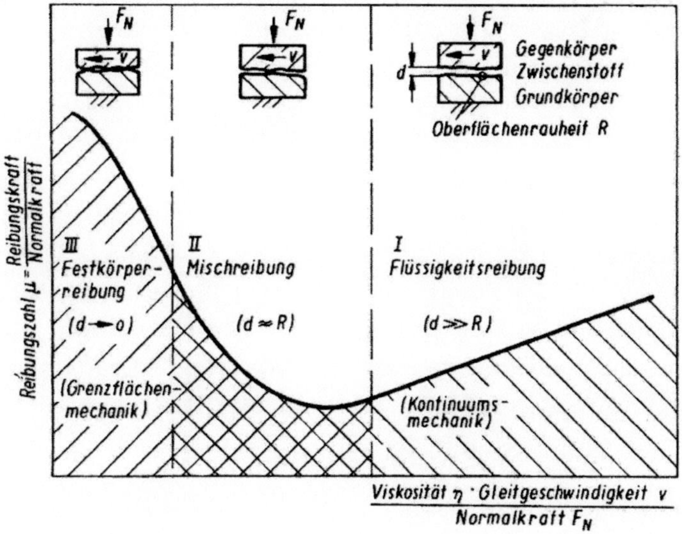

Abb. 2.7: *Stribeck-Kurve mit Angaben zum Verhältnis zwischen Reibspaltdicke d und Oberflächenrauheit R [96].*

Bei allen Formen von Reibung können in Kontakt mit Schmiermedium oder Umgebungsmedium zusätzlich tribochemische Reaktionen zwischen den Elementen des Tribosystems auftreten. Diese werden verstärkt durch reibbedingte Temperaturerhöhung sowie entstandene Gitterfehler hervorgerufen und führen zu veränderten Festigkeitseigenschaften der betroffenen Oberflächenbereiche. Dabei können sich die gebildeten Oberflächenschichten sowohl positiv als auch negativ auswirken. In den meisten Fällen können tribochemisch gebildete Oxidschichten auf Metallen die Adhäsion einschränken. Wenn aber relativ harte Oxidschichten auf einem weichen Metall (z.B. Al_2O_3 auf Al) abplatzen, können sie stark abrasiv wirken [97].

Das große Anwendungspotential keramischer Werkstoffe für tribologisch hoch beanspruchte Systeme liegt an ihrem hohen Widerstand gegenüber adhäsiv bedingtem Versagen („Fressen") durch die kovalente oder ionische Bindung ihrer Gitterstruktur. Diese bedingt auch eine hohe Härte, was einen hohen Abrasionswiderstand zur Folge hat. Der Einfluss der Risszähigkeit sollte dabei nicht unterschätzt werden, denn eine moderat harte Keramik mit hoher Zähigkeit wie ZrO_2 kann unter Umständen verschleißbeständiger sein als sehr hartes, aber sprödes SiC.

Die hohe Korrosionsbeständigkeit von keramischen Werkstoffen führt zu einem erheblichen Widerstand gegenüber tribochemischem Verschleiß. Allerdings zeigen Keramiken auf der Basis von Si_3N_4 und SiC bei Anwesenheit von Wasser bzw. unter Luftfeuchte unter tribologischer Beanspruchung durchaus tribochemische Reaktionen. Durch den Energieeintrag laufen chemische Vorgänge mit Reaktionsgeschwindigkeiten ab, die sonst erst bei Temperaturen über 500 °C erreicht werden [98]. Si_3N_4 reagiert zunächst mit dem umgebenden Wasser unter Bildung von Ammoniak und einer SiO_2-Schicht auf der beanspruchten Oberfläche:

$$Si_3N_4 + 6\ H_2O \rightarrow 3\ SiO_2 + 4\ NH_3 \qquad \text{Gl. 2.16}$$

und anschließend zu amorphem SiO_2, Silanolen (Si-OH) und SiO_xN_y [99]. Diese gelartige Schicht trennt die beiden Funktionsflächen und wirkt als Schmiermittel, was die Reibungszahl reduziert, aber auch zu Hoch-Tief-Übergängen beim Reibkoeffizienten führen kann. Bei SiC-Paarungen wurde die Bildung von SiO_2, Si-O_x-C_y oder $Si_4C_4O_4$ beobachtet [100].

In mehreren Untersuchungen an Sialon und Si_3N_4 in oszillierendem Kontakt konnte der Einfluss der Mikrostruktur auf das tribologische Verhalten aufgezeigt werden [101]. Dabei übten Art und Anteil des Sinteradditivs, die Menge an verbleibender amorpher Korngrenzenphase sowie der Phasenbestand einen signifikanten Einfluss auf die mechanischen und somit auf die tribologischen Eigenschaften aus. Im ungeschmierten Kontakt zeigte

sich, dass gemischte α/β-Sialone aufgrund ihrer höheren Risszähigkeit geringere Verschleißraten aufweisen als reine α-Sialone.
Unterschiedliche Kationenradien des Sinteradditivs führen zu ungleichen Bindungskräften im Kristall sowie in der Korngrenzenphase, was zu unterschiedlichem Verschleißverhalten führt. Dabei zeigten Y-basierte Sialone höhere Verschleißbeständigkeit im Vergleich zu Nd-Sialonen.
Ein steigender Anteil an Glasphase verschlechtert durch Ausbrüche die Verschleißeigenschaften dramatisch, wie ein direkter Vergleich zwischen Sialonen mit unterschiedlichen Anteilen an Sinteradditivüberschuss und Si_3N_4 deutlich macht. Im Trockenlauf kann somit Si_3N_4 als reine Gleitpaarung nicht empfohlen werden, da Kornausbrüche aus Zerrüttungsprozessen zwischen den β-Si_3N_4 Kristallen und der amorphen Bindephase beobachtet wurden [99].
Abo-Naf und Holzer untersuchten das Reibverhalten unterschiedlicher Sialone im geschmierten Gleitkontakt mit Isooktan als Zwischenstoff, wobei Stahl (100Cr6) und kommerzielles Si_3N_4 als Referenzwerkstoffe herangezogen wurden [102]. Die Sialone unterschieden sich dabei im Sinteradditiv (Nd bzw. Yb), sowie hinsichtlich des Verhältnisses der α/β-Modifikationen und der Menge des verwendeten Additivs.
Sowohl bei der Reibungszahl als auch beim Verschleiß bestand der gravierendste Unterschied zwischen dem untersuchten Stahl und den Keramikvarianten (*Abb. 2.8*). Mit 100Cr6 wurden mit dem Si_3N_4-Gegenkörper Werte von $\mu \approx 0{,}75$ erreicht, wobei der lineare Verschleißbetrag $W_{l,Platte}$ über 15 µm betrug. Demgegenüber lagen die Keramik-Siliciumnitrid-Paarungen mit Reibkoeffizienten zwischen 0,14 und 0,22 teilweise unterhalb des angestrebten Wertes von 0,2 für Pumpenanwendungen mit Verschleißbeträgen um einen Mikrometer. Die ytterbiumbasierten Sialon-Varianten, die hauptsächlich aus der α-Sialon-Modifikation bestanden, zeigten dabei vergleichsweise höhere Reibungszahlen, während die Neodym-Sialone mit β-Modifikation-Anteilen zwischen 5 und 100 % mit ca. 0,14 noch unter dem Wert für Siliciumnitrid lagen. Beim Verschleiß ergab sich ein ähnliches Bild. Die Neodymoxid-basierten Sialone zeigten mit weniger als einem Mikrometer den geringsten Abtrag der Platten.

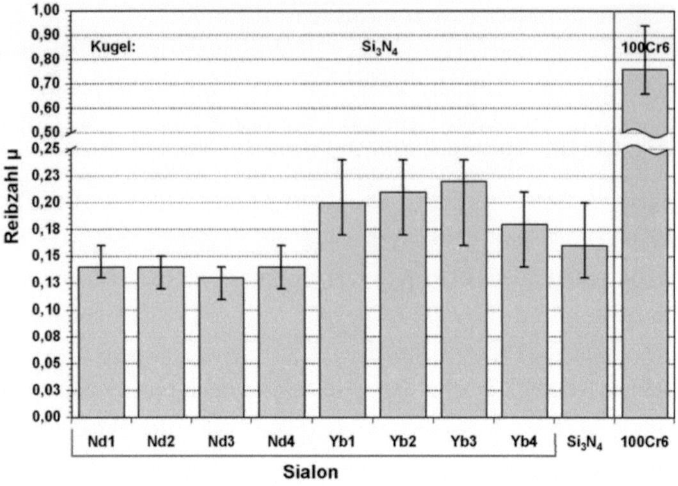

(a)

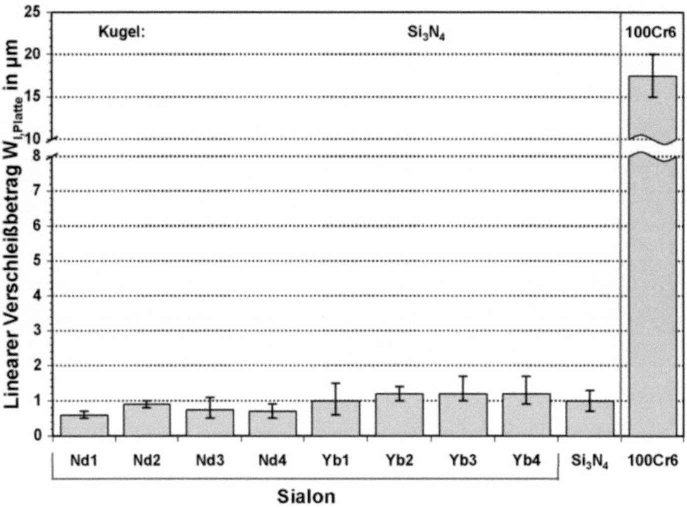

(b)

Abb. 2.8: *Reibzahl (a) und linearer Verschleiß (b) unterschiedlicher Sialon-Varianten im Vergleich mit Si_3N_4 und Stahl. [102].*

Verschiedene Untersuchungen keramischer Werkstoffe in mangelgeschmiertem reversierendem Gleitkontakt zeigen, dass vor allem die Einlaufphase eine hohe Bedeutung für das Langzeitverhalten der Gleitpaarungen besitzt. In diesem Punkt besteht noch ein unverzichtbarer Optimierungsbedarf im Hinblick auf die zuverlässige Einsatzfähigkeit keramischer Komponenten in tribologisch hoch beanspruchten Gleitsystemen. Unterschiedliche Arbeiten [103,104] zeigen, dass ein möglicher Lösungsansatz in der deterministischen oder stochastischen Mikrostrukturierung der Funktionsflächen liegen kann. Durch ein künstlich aufgebrachtes Muster aus kanalförmigen Texturelementen oder Näpfchen können Oberflächen mit günstigen Gleiteigenschaften erzeugt werden. Die vorteilhaften Mechanismen werden in der Literatur auf Effekte von Mikrohydrodynamik und Bildung von Schmierstoffreservoirs, die den Schmierstoff in der Kontaktfläche halten, zurückgeführt. Weiterhin können die erzeugten Taschen lose Verschleißpartikel aufnehmen, die bei Verbleib im engen Schmierspalt zu temporären Reibungszahlspitzen und Furchung der Wirkflächen führen können [105].

Eine Wirkflächentexturierung durch lasergestütztes Einbringen von Näpfchen- oder länglichen Strukturelementen an Al_2O_3, ZrO_2 und SSiC (*Abb. 2.9*) in Paarung mit vergütetem Stahl (100Cr6) führte abhängig von der Materialpaarung, dem Schmiermedium und der Belastung zu einer deutlichen Reduzierung der Reibungszahl [106,107,108]. Bei Versuchen unter destilliertem Wasser an ZrO_2 konnte bei gleichzeitig verbessertem Einlaufverhalten durch die Strukturierung mit länglichen Näpfchen bzw. gekreuzten Kanälen die Reibungszahl um ca. 30 % reduziert werden. Bei einer Erhöhung der Normalkraft stieg die Reibungszahl der Paarung mit gekreuzten Kanälen stark an, die mit Näpfchen strukturierten Proben zeigten dagegen eine nur geringe Änderung im Reibungszahlverlauf [107]. Daraus lässt sich ableiten, dass eine hinsichtlich des jeweiligen tribologischen Systems speziell optimierte Mikrotextur notwendig ist.

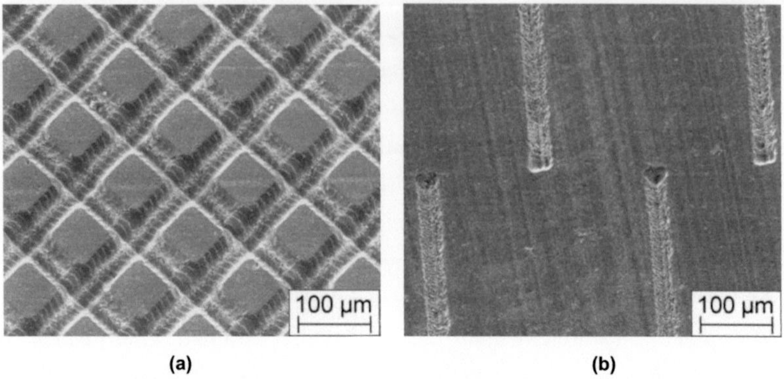

Abb. 2.9: *Wirkflächentexturierung durch Laser gestütztes Einbringen von gekreuzten Kanälen (a) und länglichen Näpfchen (b) in SiC [108].*

3. Experimentelle Durchführung

Die Untersuchungen an Sialonen bzw. Sialon-SiC-Verbunden im Rahmen dieser Arbeit umfassen die Materialentwicklung und -herstellung, deren Modifizierung in Bezug auf einen speziellen Einsatz und die darauf folgende mechanische sowie tribologische Charakterisierung. Die variablen Parameter sind dabei die Ausgangszusammensetzung in Bezug auf die Lage in der Sialon-Ebene, was zu unterschiedlichen α/β-Sialon-Verhältnissen führt, sowie die Additivmenge, wodurch sich unterschiedliche Anteile an Glasphase ergeben. Bei den Sialon-SiC-Verbunden wurde außerdem der Anteil an Siliciumkarbid variiert sowie dessen Korngröße.

3.1 Nomenklatur und Zusammensetzung

Die chemische Ausgangszusammensetzung von Sialon-Keramiken wird durch ein Kürzel beschrieben, in dem das Symbol des Additivelements und die Werte für die Koeffizienten *m* und *n* der allgemeinen Formel für α-Sialon $M_xSi_{12-m-n}Al_{m+n}N_{16-n}$ [18] enthalten sind.

Im Rahmen dieser Arbeit wurden ausschließlich gemischte α/β-Sialone untersucht, deren Ausgangszusammensetzungen auf einer Geraden mit $n = 1{,}0$ liegen. Dabei wurde der *m*-Wert von 0,3 bis 1,0 variiert, wodurch man sich in der Sialon-Ebene vom β-reichen Gebiet in Richtung eines höheren α-Sialon Anteils bewegt. Die Lage dieser Zusammensetzungen in der Sialon-Ebene zeigt *Abb. 3.1.* Als Sinterhilfsstoff wurde Neodymoxid ausgewählt. Das entsprechende Kürzel für eine Zusammensetzung mit z.B. $m = 0{,}5$ und $n = 1{,}0$ lautet folglich Nd0510. Neben der Zusammensetzung wird durch *m* und *n* auch die Position in der Sialon-Ebene definiert. Holzer untersuchte die Phasenbeziehungen dieses Systems, ermittelte für die α-Sialone den Stabilitätsbereich dieser Modifikation und erstellte die dazugehörenden Zustandsdiagramme [17].

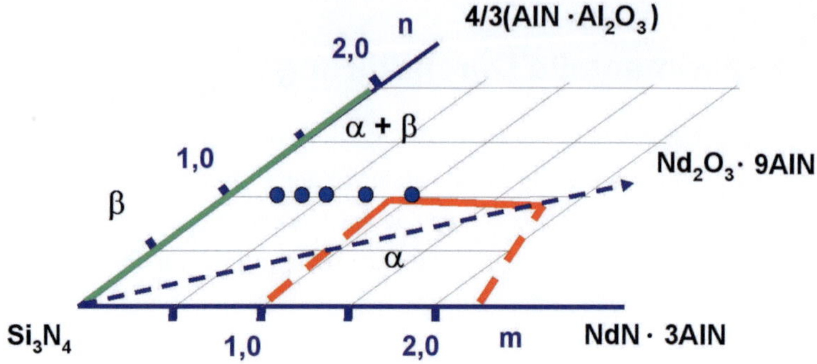

Abb. 3.1*: Schema der Sialon-Ebene mit Lage der verwendeten Ausgangs-zusammensetzungen Ndxx10.*

Die hergestellten Sialon-Keramiken wurden mit einem erhöhten Anteil an Neodymoxid bezogen auf die stöchiometrische Zusammensetzung, also mit einem so genannten Additivüberschuss, hergestellt. Mit steigendem Anteil an Sinteradditiv wird die Sialon-Ebene in Richtung der M_2O_3-Ecke des Jänecke-Prismas (vgl. *Abb. 2.1*) verlassen, was *Abb. 3.2* verdeutlicht.

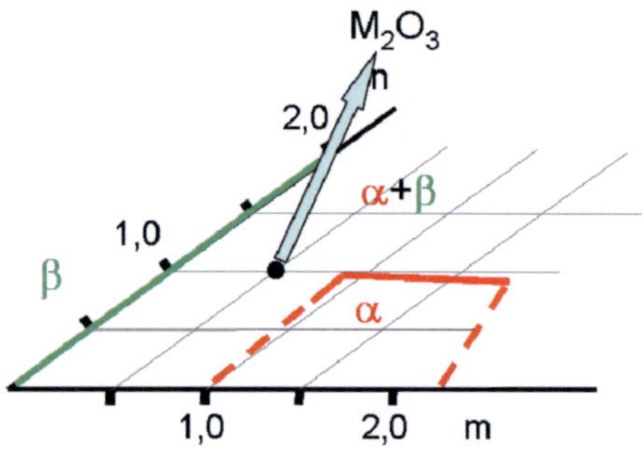

Abb. 3.2: *Schematische Verschiebung der Lage der Zusammensetzung aus der Sialon-Ebene in Richtung der M_2O_3-Ecke des Jänecke-Prismas bei Additivüberschuss.*

Im Kürzel wird dieser Additivüberschuss mit E wie „Extra" sowie einer Zahl, die mit Faktor 10 multipliziert den Überschuss in Prozent angibt, definiert. Diese prozentualen Anteile des Additivüberschusses beziehen sich auf die Einwaage an Neodymoxid und nicht auf die Gesamteinwaage. Die hauptsächlich hergestellte Sialonvariante Nd0510E1 besitzt folglich 10 % Überschuss an Neodymoxid.

Mit steigendem m-Wert wird ein höherer Anteil an α-Sialon gebildet, der in zunehmendem Maß den Sinterhilfsstoff verbraucht. Um den Überschuss an Sinteradditiv aufrechtzuerhalten, muss die Menge an zugesetztem Seltenerdoxid daher kontinuierlich mit dem m-Wert zunehmen, wie aus *Abb. 3.3* ersichtlich ist. Davon unabhängig muss bei konstantem m-Wert die zusätzliche M_2O_3-Einwaage mit dem Wert der Überschussmenge linear ansteigen.

Die Sialon-SiC-Verbunde wurden ausschließlich ausgehend von der Sialon-Zusammensetzung Nd0510 hergestellt. Ein weiterer Anhang an das Kürzel bezeichnet den Volumenanteil in Prozent an SiC. So steht beispielsweise Nd0510E10_SiC30 für einen Sialon-SiC-Verbund mit 100 % Überschuss an Neodymoxid und einem Volumenanteil von 30 % SiC. Dabei kamen zwei Pulver mit unterschiedlicher Korngröße zum Einsatz.

Mit zunehmendem Volumenanteil an SiC nimmt die absolute Einwaage an Sinteradditiv und dementsprechend auch dessen Überschuss ab, was zu einer verringerten Sinterfähigkeit führt (*Abb. 3.4*). Dies muss ggf. durch eine Erhöhung der Einwaage an Sinterhilfsstoff bei höheren SiC-Gehalten kompensiert werden.

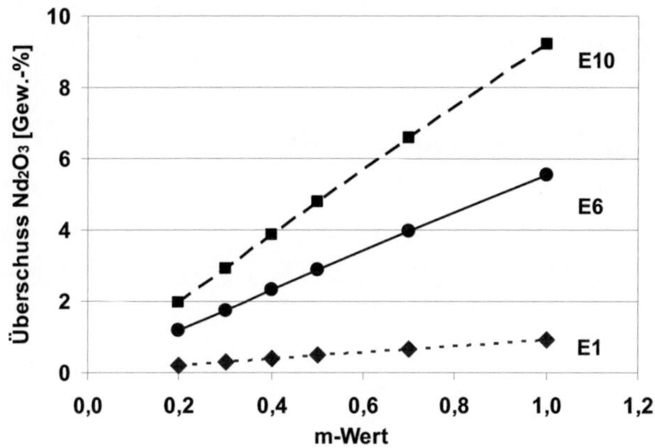

Abb. 3.3: *Nd_2O_3-Überschuss in Masse-% in Abhängigkeit vom m-Wert für Zusammensetzungen mit E1, E6 und E10.*

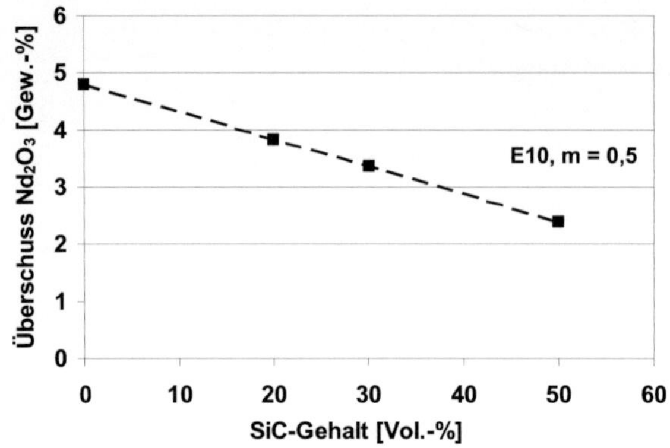

***Abb. 3.4**: Nd_2O_3-Überschuss in Abhängigkeit des SiC-Gehalts für Zusammensetzungen mit m = 0,5 und E10.*

3.2 Probenherstellung

Das Verfahren zur Herstellung der Sialone sowie der Sialon-SiC-Verbunde folgt dem üblichen Schema für trockengepresste und flüssigphasengesinterte Nitridkeramiken. Nach Pulveraufbereitung und Formgebung werden die Grünkörper unter Stickstoffatmosphäre heißisostatisch verdichtet oder mittels „Field Assisted Sintering Technique" gesintert.

3.2.1 Einwaagenbestimmung

Sialon

Vor der Pulveraufbereitung wurden die Ausgangspulver so abgewogen, dass die einzelnen Elemente, die in den Ausgangspulvern vorhanden sind, in einem stöchiometrischen Verhältnis gemäß der allgemeinen Formel für α-Sialon $M_xSi_{12-m-n}Al_{m+n}N_{16-n}$ stehen. Die genaue Vorgehensweise ist im Anhang (A.1) ausführlich beschrieben. In *Tab. 3.1* sind die Probenzusammensetzungen der im Rahmen dieser Arbeit hergestellten Sialone aufgelistet. Die Angaben setzen oxidfreies Silicium- und Aluminiumnitrid voraus.

	Nd_2O_3	Si_3N_4	AlN	Al_2O_3
Nd0310E1	3,2	86,6	5,2	5,0
Nd0410E1	4,2	85,0	6,1	4,7
Nd0410E6	6,2	83,3	6,0	4,6
Nd0510E1	5,3	83,4	7,0	4,3
Nd0510E6	7,7	81,3	6,8	4,2
Nd0510E10	9,6	79,6	6,7	4,1
Nd0510E15	12,0	77,5	6,5	4,0
Nd0710E1	7,3	80,4	8,7	3,7
Nd1010E1	10,1	76,0	11,1	2,8

Tab. 3.1: *Probenzusammensetzungen der untersuchten Sialone in Massen-%.*

Sialon-SiC

Bei der Herstellung der Sialon-SiC-Verbunde wurde der Volumenanteil an SiC vorgegeben und dieser einer beliebigen Sialon-Zusammensetzung beigemischt. In *Tab. 3.2* sind die im Rahmen dieser Arbeit hergestellten Verbunde aufgelistet.

	Nd_2O_3	Si_3N_4	AlN	Al_2O_3	SiC
Nd0510E2_SiC5	5,5	79,0	6,6	4,1	4,8
Nd0510E6_SiC5	7,3	77,4	6,5	4,0	4,8
Nd0510E10_SiC5	9,1	75,9	6,3	3,9	4,8
Nd0510E10_SiC20	7,7	64,4	5,4	3,3	19,2
Nd0510E10_SiC30	6,8	56,8	6,1	1,3	29,0
Nd0510E10_SiC50	4,9	41,0	4,4	0,9	48,8
Nd0510E15_SiC50	6,2	40,1	3,3	2,1	48,3

Tab. 3.2: *Probenzusammensetzungen der untersuchten Sialon-SiC-Verbunde in Massen-%.*

3.2.2 Pulveraufbereitung

Zur Herstellung der Sialon-Keramiken wurden vier Ausgangspulver benötigt: Siliziumnitrid (SN-E10, UBE Industries Ltd.), Aluminiumnitrid (AlN Grade C, H.C. Starck GmbH), Aluminiumoxid (CTC 20, Alcoa Inc.) und Neodymoxid (Neodymium oxide REaction 99,9% Alfa Aesar). Der Massenanteil an Sauerstoff aufgrund der Oxidation der Pulver betrug 1,27 % bei Siliziumnitrid und 1 % bei Aluminiumnitrid. Die Startpulver wurden gemäß der gewünschten Zusammensetzung in einem Polyamidmahlbehälter mit 850 g Siliziumnitrid-Mahlkugeln mit einem Durchmesser von zwei Millimetern und mit 150 ml Isopropanol vier Stunden bei 1000 1/min attritiert. Das Ziel dieses Vorgangs ist eine homogene Durchmischung der Ausgangspulver und eine Zerstörung der vorhandenen Agglomerate. Anschließend wurden die Mahlkörper vom Schlicker getrennt, das Isopropanol in einem Rotationsverdampfer abgetrennt und das Pulver in einem Vakuumtrockenschrank bei 60 °C zwölf Stunden getrocknet. Ein abschließendes Sieben verringerte die Anzahl an weichen Agglomeraten, die durch den Trocknungsprozess entstanden, so dass der weitere Herstellungsprozess nicht beeinträchtigt wurde.

Die Pulveraufbereitung der Sialon-Siliziumkarbid-Verbunde wurde analog zu den reinen Sialonen durchgeführt, allerdings mit der Zugabe von unterschiedlichen Volumenanteilen α-Siliziumkarbid (SiC UF 15, H.C. Starck GmbH bzw. SiC F400, ESK-SIC GmbH). Letztgenanntes grobkörniges α-SiC wurde einem fertigen Sialonansatz mittels eines Tumblers (Turbula Maschine TC 2) hinzugemischt und nicht attritiert, um eine Verringerung des Korndurchmessers zu vermeiden.

3.2.3 Grünkörperherstellung

Für die Herstellung von Biegestäbchen und Proben für die tribologische Charakterisierung sowie für unterschiedliche Untersuchungen zur Oberflächenmodifizierung wurden ca. 33 g schwere Platten mit den Abmessungen 65 x 45 x 7 mm^3 angefertigt. Dilatometerproben wurden mit Teilstücken aus kleineren Platten (55 x 27 x 8 mm^3, ca. 18 g Einwaage) hergestellt. Bauteile für die Hochdruckpumpe in Form von Scheiben und Ringen wurden mit speziell für diese Geometrien ausgelegten Presswerkzeugen geformt. Dessen Durchmesser betrug 70 mm für die

Scheiben bzw. 56 mm Außendurchmesser und 44 mm Innendurchmesser für die Ringe. Sämtliche Proben wurden mit einem Axialdruck von ca. 14 MPa axial vorgepresst und anschließend mit 400 MPa 30 s kaltisostatisch nachverdichtet.

3.2.4 Heißisostatisches Pressen

Das konventionelle Flüssigphasensintern der Sialonproben erfolgte in einer ASEA QIH-6 Heißisostatpresse (HIP) in Bornitrid-Tiegeln und wird exemplarisch durch *Abb. 3.5* bei einer Maximaltemperatur von 1830 °C verdeutlicht. Die Proben wurden mit 10 K/min bis 300 °C, dann mit 20 K/min bis 1200 °C und wiederum mit 10 K/min bis zur Maximaltemperatur aufgeheizt. Dies geschah unter einer Stickstoffatmosphäre von 0,2 bis 1 MPa, so dass eine Zersetzung gemäß Gl. 3.1 bzw. Gl. 3.2 verhindert wurde.

$$3SiO_2\,(\mathrm{l}) + \mathrm{Si_3N_4} \leftrightarrow 6SiO + 2N_2 \qquad \text{Gl. 3.1}$$

$$\mathrm{Si_3N_4} \leftrightarrow 3Si + 2N_2 \qquad \text{Gl. 3.2}$$

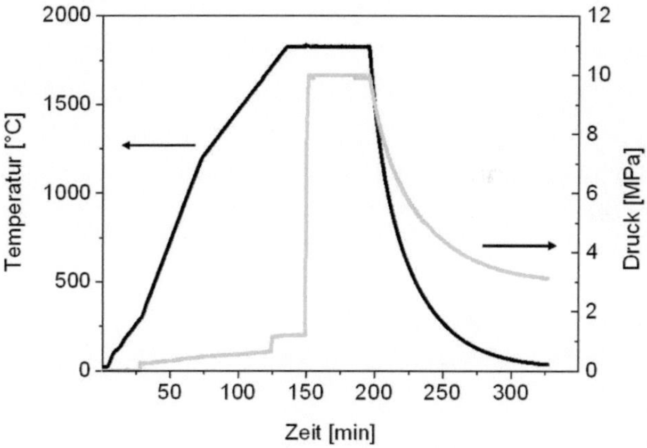

Abb. 3.5: *Exemplarischer Temperatur- und Druckverlauf in der HIP-Anlage.*

Nach einer Haltezeit von 15 min bei Maximaltemperatur wurde der Stickstoff-Partialdruck auf 10 MPa erhöht, um eine vollständige Verdichtung zu erreichen. Dieser Zustand wurde anschließend 45 min gehalten. Danach wurde die Heizung abgeschaltet, so dass es zu einem exponentiellen Abfall der Temperatur kam. Durch den Temperaturabfall fiel auch der Stickstoff-Druck ab.

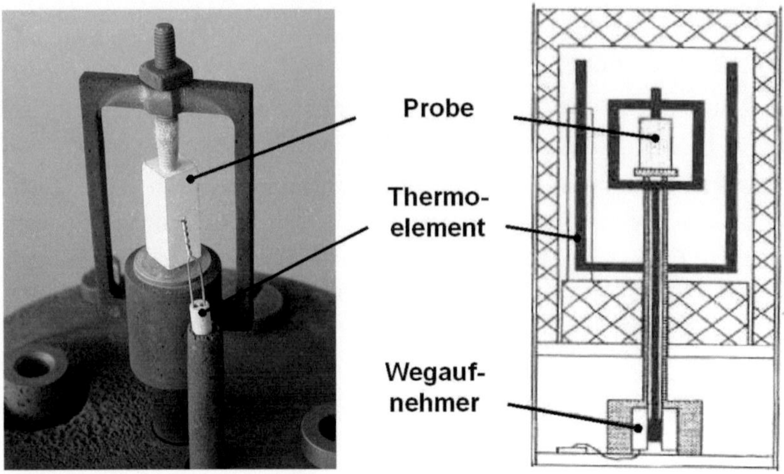

Abb. 3.6: *Schematischer Aufbau der Dilatometereinrichtung.*

Über eine Dilatometerapparatur (*Abb. 3.6*) kann die Wegänderung von quaderförmigen Dilatometerproben mit den Abmessungen 25 x 8 x 8 mm^3 beim Sintern verfolgt werden. Diese befinden sich in einem kleinen Bornitrid-Tiegel mit beweglichem Deckel. Das Thermoelement für die simultane Temperaturmessung sitzt in unmittelbarer Nähe zwischen Tiegel und Heizelementen. Dieses Verfahren bietet die Möglichkeit, die Sinterparameter anzupassen, um eine vollständige Verdichtung zu erreichen.

3.2.5 Field Assisted Sintering Technique

„Field Assisted Sintering Technique“ (FAST), auch „Spark Plasma Sintering“ (SPS) oder „Plasma aktiviertes Sintern“ genannt, ist eine Methode zum Sintern von Metallen oder Keramiken, zum Verfestigen von Polymeren, Fügen von Metallen und zum Fördern von Keimbildung und Vermeidung chemischer Reaktionen [109]. Diese Methode ist dem Heißpressen sehr ähnlich, aber anstatt einer externen Heizquelle wird ein gepulster Gleichstrom durch die elektrisch leitende Druckform und durch das Pulver bzw. den Grünkörper geschickt (*Abb. 3.7*). Die Druckform wird aus Graphitstempeln und einer Graphitmatrize gebildet und das Pulver wird zusätzlich durch Graphitpapier umgeben. Dieser Prozess bietet die Möglichkeit, sehr schnelle Aufheizraten anzuwenden (mehrere 100 K/min) und vollständige Verdichtung innerhalb von Minuten zu erreichen [110].

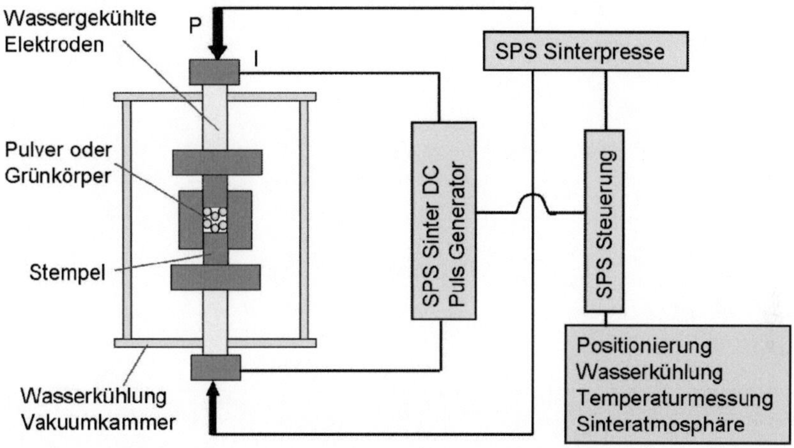

Abb. 3.7: *Schematischer Aufbau der FAST-Anlage.*

In *Abb. 3.8* ist der Temperatur- und Druckverlauf exemplarisch für die Zusammensetzung Nd0510E10_SiC20 dargestellt. Die Temperaturmessung setzt erst bei 400 °C ein, da das hierfür verwendete Pyrometer erst bei dieser Temperatur messfähig wird. Die Pulver wurden mit einer Aufheizrate von 150 K/min bis auf 1700 °C aufgeheizt, anschließend der Axialdruck von 5 auf 32 MPa erhöht und 7 min in diesem Zustand gehalten. Danach wurde die Anlage abgeschaltet, so dass es zu einem exponentiellen Abfall der Temperatur kam.

Nach dem Sintern ist die Probe am Umfang noch mit Graphitpapier umgeben und weist an den Mantelflächen Graphit auf.

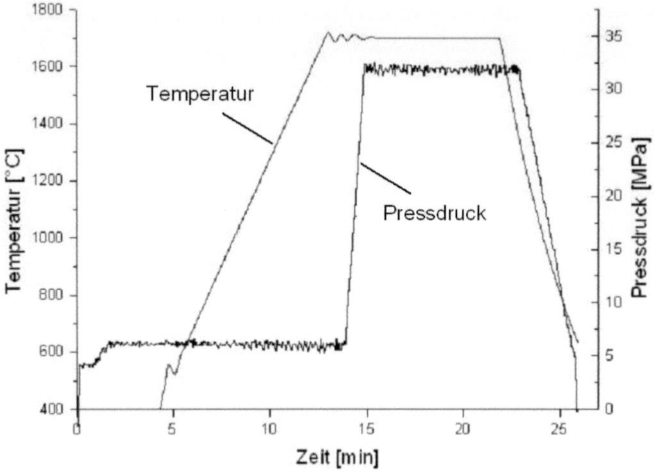

Abb. 3.8: *Temperatur- und Druckverlauf während der Verdichtung von Nd0510E10_SiC20*

3.2.6 Probenpräparation

Zur Verringerung der Oberflächenrauheit bzw. für die Beobachtung des Gefüges im Rasterelektronenmikroskop wurden die Proben auf der Poliermaschine Pedemax 2 der Firma Struers zuerst mit einer 70 µm-Körnung plangeschliffen und anschließend auf Texmet-Tüchern (Buehler GmbH) mit Diamantsuspensionen (ATM GmbH) der Körnungen 15, 9, 6 und 1 µm poliert. Diese Chemiefasertücher weisen eine geringe Stoßelastizität bei harten Proben auf und gewährleisten somit eine hohe Planheit und Randschärfe. Der Polierteller dreht sich mit 150 1/min bei einer Kraft von ca. 10 N je Probe.

Von den mittels FAST hergestellten Sialonen bzw. Sialon-SiC-Verbunden wurden vor dem Planschleifen beidseitig die Graphitschicht und anschließend weitere 0,2 mm Material abgetragen. Dies hatte zum Ziel, ergebnisverfälschende Einflüsse einer Reaktionsschicht aus dem FAST-Prozess auszuschließen.

3.3 Randschichtbehandlungen

Unterschiedliche Behandlungen der Oberfläche wurden im Rahmen dieser Arbeit an den untersuchten Sialon-Keramiken durchgeführt, um die mechanischen bzw. tribologischen Eigenschaften zu verbessern.

3.3.1 Randschichtmodifikation durch Wärmebehandlung

Die Randschichtmodifikation durch Wärmebehandlung erfolgte an zwei Sialon-Varianten mit unterschiedlichem Sinteradditivüberschuss. Die Behandlung erfolgte in der in Kapitel 3.2.4 bereits beschriebenen Heißisostatpresse in Bornitrid-Tiegeln. Die zuvor an der Oberfläche polierten Proben wurden entsprechend der Parameter für den Sintervorgang bis auf 1700 bzw. 1800 °C Maximaltemperatur aufgeheizt, welche dann bei einem Stickstoffpartialdruck von 10 MPa eine Stunde gehalten wurde. Danach wurde die Heizung abgeschaltet, so dass die Temperatur exponentiell abfiel.

3.3.2 Randschichtmodifikation in einer Salzschmelze

Bei diesem Verfahren wurde an zwei Sialon-Keramiken mit unterschiedlichem α/β-Verhältnis die Randschicht durch eine Behandlung in einer Kaliumnitratschmelze verändert. Die Proben wurden bis zu 16 Stunden in der Salzschmelze behandelt, nach der Haltezeit entnommen und nach dem Abkühlen in destilliertem Wasser von anhaftendem Salz befreit. Die Salzschmelze befand sich in Al_2O_3-Tiegeln, die in einem Simon-Müller-Ofen mit Temperaturregelung auf 400 bis 800 °C gebracht wurden, bevor die Proben in die Salzschmelze gegeben wurden.

3.3.3 Plasmaätzen von Sialonen

Durch eine Plasmaätzbehandlung mit Tetrafluorkohlenstoff an polierten Sialonproben, die beide Sialon-Modifikationen enthalten, konnte in deren Oberfläche ein Höhenrelief erzeugt werden. Die Behandlung wurde in einer Plasmaätzanlage (Bio-Rad PT 7150) an fünf Sialonvarianten mit unterschiedlichem α/β-Sialon-Verhältnis durchgeführt. Die Ätzleistung (forward power) betrug 100 W, das Verhältnis zwischen CF_4/O_2 wurde bei 2:1 konstant gehalten. Die Ätzdauer wurde mit 2, 5, 10, 20 sowie 40 Minuten gewählt.

3.4 Charakterisierung von Gefüge und Phasenbestand

Nach dem Sintervorgang wurden die mittels HIP und FAST hergestellten Proben analysiert. Dabei wurden die Dichte und Masse der Proben bestimmt, Röntgendiffraktogramme und elektronenmikroskopische Aufnahmen erstellt sowie zum Teil Elektronenstrahlmikroanalysen und rasterkraftmikroskopische Analysen durchgeführt.

3.4.1 Dichte

Die Dichte bzw. Porosität der Sinterkörper wurde mit Hilfe der Auftriebsmethode nach Archimedes nach Gl. 3.3 in Wasser ermittelt. Zuerst wurde die Masse der trockenen Proben m_{tr} bestimmt, anschließend die Masse der Proben in Wasser (m_{Auf}) sowie der feuchten Proben (m_{feu}) gemessen.

$$\rho_{abs} = \frac{m_{tr}}{m_{feu} - m_{Auf}} \rho_{H_2O} \text{ [g/cm}^3\text{]} \qquad \text{Gl. 3.3}$$

Dabei entspricht ρ_{H2O} der temperaturabhängigen Dichte des Wassers. Die im Rahmen dieser Arbeit als Maß für die Qualität des Verdichtungsverhaltens verwendete Angabe der relativen Dichte ρ_{rel} wird als Verhältnis zwischen absoluter ρ_{abs} und theoretischer Dichte ρ_{theor} verstanden (Gl. 3.4).

$$\rho_{rel} = \frac{\rho_{abs}}{\rho_{theor}} \cdot 100 \text{ [\%tD]} \qquad \text{Gl. 3.4}$$

Diese wurde aus den mit den Volumenanteilen gewichteten Dichten der Ausgangssubstanzen (vgl. *Tab. 3.3*) berechnet.

Ausgangssubstanzen	Si_3N_4	AlN	Al_2O_3	Nd_2O_3	SiC
Dichte [g/cm^3]	3,180	3,260	3,965	7,240	3,220

Tab. 3.3: *Dichten der Ausgangssubstanzen.*

3.4.2 Röntgenografische Messungen

Die Diffraktogramme für die Phasenanalyse wurden mit einem Siemens D500 Diffraktometer mit einer Cu-Kathode (λ = 0,154 nm) im Winkelbereich von 12 bis 72° der 2θ–Skala aufgenommen. Die Schrittweite wurde auf 0,025° bei einer Messzeit von 5 s pro Messpunkt eingestellt. Kristalline Phasen wurden unter der Verwendung von Datensätzen der JCPDS-Kartei identifiziert. Abweichungen, die aus der Ungenauigkeit der Position der einzelnen Proben resultierten, konnten relativ zueinander mit einem inneren Standard (Si) über die Diffraktometer-Software korrigiert werden.

Das Verhältnis von α-Sialon zu β-Sialon lässt sich anhand von vier charakteristischen Peaks ermitteln [111]. Die integrierten Intensitäten I_α und I_β der Reflexe β(101), α(102) und β(210), α(210) (vgl. *Abb. 3.9*) werden paarweise in Gl. 3.5

$$\frac{I_\beta}{I_\alpha + I_\beta} = \frac{1}{1 + K\left[\left(\frac{1}{W_\beta}\right) - 1\right]} \qquad \text{Gl. 3.5}$$

eingesetzt, um somit den relativen Gewichtsanteil von β-Sialon W_β als Mittelwert aus beiden Ergebnissen zu berechnen. Der Wert der Konstante K beträgt 0,518 für β(101), α(102) und 0,544 für β(210), α(210).

Abb. 3.9 zeigt ein beispielhaftes Röntgendiffraktogramm eines gemischten α/β-Sialons mit Silizium als innerem Standard.

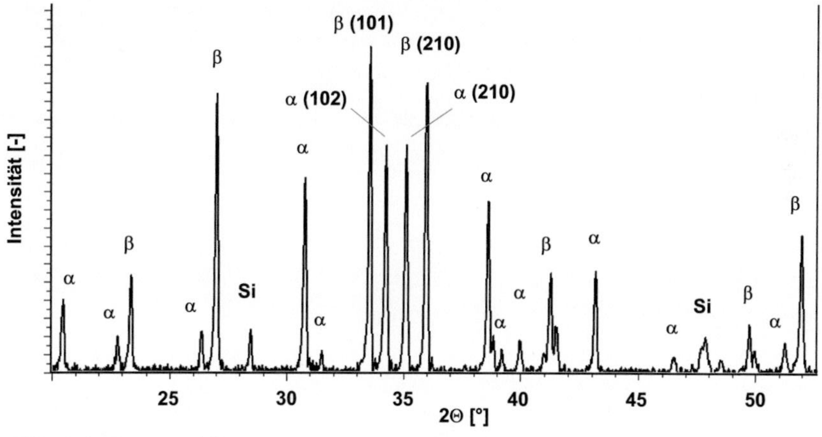

Abb. 3.9: *Röngendiffraktogramm eines α/β- Sialons mit Silizium als innerem Standard.*

3.4.3 Elektronenmikroskopie und energiedispersive Röntgenanalyse

Die elektrisch nicht leitfähigen Sialone bzw. die Sialon-SiC-Verbunde wurden vor den elektronenmikroskopischen Untersuchungen 60 Sekunden mit einem Gold/Palladium Target besputtert und mit einem Probenteller mit Silberpaste verbunden.

REM

Die Oberflächen der Proben wurden mit einem Rasterelektronenmikroskop des Typs 440 von Leica betrachtet. Um Topographieeffekte an der Oberfläche zu visualisieren, wurde der Sekundärelektronen-Modus (SE) genutzt. Dabei lag die Beschleunigungsspannung bei 20 kV und der Probenstrom bei 120 pA. Genaue Gefügeanalysen zur Erkennung von α-, β-Sialon und Korngrenzenphase wurden im Rückstreuelektronen-Modus (BSE) bei einer höheren Beschleunigungsspannung von 25 kV und einem Probenstrom von 400 pA durchgeführt. Dabei wurde der Materialkontrast aufgrund der unterschiedlichen Gehalte an Neodym für die verschiedenen Phasen ausgenutzt.

Im Rahmen der REM-Untersuchungen wurde die energiedispersive Röntgenanalyse (EDX) herangezogen, um nicht eindeutig erkennbare Phasen zu identifizieren. Dafür wurde ein Röntgenspektrometer EDR 288 der Firma Röntec GmbH verwendet. Der Probenstrom wurde dabei auf bis zu 400 pA erhöht. Dies ermöglichte semiquantitative Elementanalysen der beteiligten Elemente. Da ohne Standard gemessen wurde, lassen sich nur relative Vergleiche zwischen den unterschiedlichen untersuchten Proben anstellen.

TEM

Zur qualitativen Veranschaulichung der einzelnen Elementverteilungen in der Sialon-Keramik wurden energiegefilterte Abbildungen mit elementspezifischen Signalen aufgenommen.

Energiegefilterte Transmissionselektronenmikroskopie wurde mit Hilfe eines 200 kV Leo 922 Mikroskops (Zeiss) durchgeführt. Dieses Mikroskop ist mit einem Omega-Incolumn-Filter ausgestattet, um die primären Elektronen nach dem Durchgang durch die Probe energiedispersiv zu selektieren. Mittels eines

Spaltes können so Elektronen, die einen spezifischen Energieverlust erfahren haben, zur Abbildung ausgewählt werden.
Um die einzelnen Elemente darzustellen, wurden Elektronen mit Energieverlusten von 73 eV (Al-L_{23} Ionisationskante), 401 eV (N-K Ionisationskante), 532 eV (O-K Ionisationskante), 978 eV (Nd-M_{45} Ionisationskante) und 1839 eV (Si-K Ionisationskante) zur Abbildung ausgewählt. Die Spaltbreite betrug 20 eV (Al, O, N), 50 eV (Nd) beziehungsweise 100 eV (Si).
Die Si-L_{23} Ionisationskante (99 eV), die normalerweise bedingt durch den erheblich geringeren Energieverlust und die somit größere Zählrate zur Abbildung der Si-Verteilung zu bevorzugen wäre, konnte nicht verwendet werden, da diese elementspezifische Intensität mit dem abfallenden Ausläufer der Al-L_{23} Ionisationskante (73 eV) stark überlappt. Diese Tatsache würde zu nicht interpretierbaren Intensitätsverteilungen in der resultierenden energiegefilterten Abbildung führen.
Zur Visualisierung der einzelnen Verteilungen der im Material vorhandenen Elemente (Si, Al, O, N, Nd) wurde die 3-Fenster-Verhältnis-Methode gewählt. Bei dieser Methode wird der Untergrund im eigentlichen Verteilungsbild aus 2 Untergrundbildern, die bei niedrigeren Energieverlusten aufgenommen werden, ermittelt (Potenzgesetz) und anschließend berücksichtigt.

Energiedispersive Röntgenanalyse an Querschnittsproben kam zum Einsatz, um den Kationenaustausch in der Randschicht von Sialon-Proben, die in einer Kaliumnitratschmelze behandelt wurden, lokal zu untersuchen.
Die hochauflösenden sowie die lokalen EDX-Untersuchungen wurden an einem Philips CM 200 FEG/ST durchgeführt. Durch die Feldemissionskathode und die damit verbundene bessere Kohärenz kann neben der hochauflösenden Abbildung auch eine erheblich kleinere Elektronensonde für chemische Analysen erzielt werden. Zu diesem Zweck ist das Gerät mit einem energiedispersiven Noran Voyager EDX Detektor ausgestattet.

3.4.4 Rasterkraftmikroskopie

Das Rasterkraftmikroskop (engl. *atomic force microscope,* AFM) dient der mechanischen Abtastung von Oberflächen und der Messung atomarer Kräfte auf der Nanometerskala [112]. Das Herzstück des AFM bildet ein biegsamer Träger (Cantilever) mit sehr feiner Si-Spitze, die zeilenweise über die Oberfläche der Probe gerastert wird. Im Kontaktmodus ist die Spitze während des gesamten Messvorgangs in mechanischem Kontakt mit der Probe. Die Verbiegungen des Hebelarms, hervorgerufen durch Kräfte zwischen Probe und Spitze, werden hochaufgelöst gemessen, indem ein Laserstrahl auf den Cantilever gerichtet wird und der reflektierte Strahl mit einem Photodetektor aufgefangen wird (Lichtzeigerprinzip). Die gemessene vertikale Auslenkung des Trägers im Höhenmodus ergibt ein Maß für die topographische Höhe. Es ist günstig, während der gesamten Aufnahme eine möglichst geringe konstante Kraft auf die Probe auszuüben, um eine geringe gleichförmige Deformation zu gewährleisten. Dies gelingt durch Verwendung einer Rückkopplungsvorrichtung, die durch Variation der z-Position der Probe die Verbiegung des Trägers, d. h. die repulsive Kraft zwischen Spitze und Probe, konstant hält. Ein Plot z(x,y) repräsentiert dann ein topographisches Höhenbild bei konstanter Kraft, aus dem auch eine dreidimensionale Darstellung der Oberfläche berechnet werden kann. Im Reibungskraftmodus scannt der Cantilever die Oberfläche lateral (senkrecht zu seiner Länge) und wird mehr oder weniger stark verkippt, je nachdem, ob er Bereiche mit hoher oder niedriger Reibungskraft überquert. Das relative Maß der lateralen Kräfte, die entlang der Probenoberfläche angetroffen werden, ergibt ein Verteilungsbild der Gebiete mit hoher und niedriger Reibungskraft.

Im Rahmen dieser Arbeit wurden die Probenoberflächen hinsichtlich ihrer Topographie und ihrer Reibungseigenschaften mittels Rasterkraftmikroskopie (AFM) (Firma Digital Instruments Inc., Dimension 3100) im Kontaktmodus mit einer Si-Spitze (LFM-20 von Nanosensors, Spitzenradius < 10 nm) untersucht.

Durch die Tragfähigkeits-Analyse ist es möglich, festzustellen, welcher Prozentsatz der Oberfläche sich oberhalb oder unterhalb einer willkürlich gewählten Höhe befindet.

3.5 Mechanische Untersuchungen

Die Bestimmung des Elastizitätsmoduls sowie die der Härte und Bruchzähigkeit nach der Indentermethode wurde an allen Sialonen und Sialon-SiC-Verbunden als standardmäßige Charakterisierung durchgeführt. An ausgewählten Sialon-Varianten wurde die Bruchzähigkeit anhand weiterer Verfahren untersucht sowie die Festigkeit und das unterkritische Risswachstum bestimmt.

An sämtlichen Sialonen und Sialon-SiC-Verbunden mit unterschiedlichen Oberflächentopographien wurden tribologische Untersuchungen durchgeführt.

3.5.1 Elastizitätsmodul

Schallwellen treten in Festkörpern in Form von elastischen Schwingungen auf, die sich dort in Longitudinal- und Transversalschwingungen unterteilen lassen. Aufgrund dessen lassen sich mittels Ultraschallmessungen der E-Modul und andere elastische Konstanten wie der Schubmodul G und die Poissonzahl ν bestimmen.

Unter Verwendung des Ultraschallmessgeräts USLT 2000 von Krautkrämer wurde die E-Modul-Messung nach dem Laufzeitverfahren durchgeführt. Dazu wurde zuerst die Probendicke bestimmt, so dass aus den gemessenen Schallgeschwindigkeiten der E-Modul berechnet werden konnte. Die transversale Schallgeschwindigkeit a_T wurde mit Hilfe eines Transversalprüfkopfes, und die longitudinale Schallgeschwindigkeit a_L wurde mittels Longitudinalprüfkopf bestimmt. Zwischen Longitudinalprüfkopf und Probe wurde als Kopplungsmedium ein herkömmliches Ultraschallgel verwendet, während zwischen Transversalprüfkopf und Probe Honig eingesetzt wurde. Die zur Berechnung erforderliche Dichte ρ wurde nach der in Abschnitt 3.4.1 vorgestellten Vorgehensweise bestimmt. Die Gleichungen

$$a_T = \sqrt{\frac{G}{\rho}} = \sqrt{\frac{E}{\rho}\frac{1}{2(1+\nu)}} \qquad \text{Gl. 3.6}$$

und

$$a_L = \sqrt{\frac{E}{\rho}\frac{1-\nu}{(1+\nu)(1-2\nu)}} \qquad \text{Gl. 3.7}$$

liefern die erforderlichen Bedingungen zur Umformung nach der Poissonzahl

$$\nu = \frac{a_L^2 - 2a_T^2}{2(a_L^2 - a_T^2)}, \qquad \text{Gl. 3.8}$$

so dass der E-Modul nach

$$E = 2G(1+\nu) \qquad \text{Gl. 3.9}$$

berechnet werden kann.

3.5.2 Härte und Bruchzähigkeit nach der Indentermethode

Zur Härtebestimmung nach Vickers in Anlehnung an DIN EN 843-4 [113] wurde ein Akashi AVK-C1 Hardness Tester verwendet. Dessen Diamantpyramide wurde 15 s mit einer 10 kg bzw. 1 kg entsprechenden Gewichtskraft F in zuvor polierten Proben gedrückt. Es wurden je Probe zehn Messungen vorgenommen und daraus der Mittelwert der beiden Diagonallängen $d = 2b$ des Härteeindrucks ermittelt, um nach

$$HV = \frac{1{,}85F}{4b^2} \qquad \text{Gl. 3.10}$$

die Härte zu berechnen.

Aufgrund des spröden Werkstoffverhaltens der Sialon-Keramiken bzw. Sialon-SiC-Verbunde entstehen bei der Härtemessung Risse. Aus den mit Hilfe des Lichtmikroskops bestimmten Risslängen c wurde nach der Indentermethode die Bruchzähigkeit K_{Ic} berechnet. Für Palmqvist-Risse gilt nach Niihara et al. [114,115]

$$K_{Ic} = 0{,}018 HV \sqrt{b} \left(\frac{E}{HV}\right)^{0{,}4} \left(\frac{a}{b} - 1\right)^{-0{,}5} \qquad \text{Gl. 3.11}$$

für $a/b < 3{,}5$

wobei E den E-Modul, HV die Härte und a die Risslänge bezeichnet.

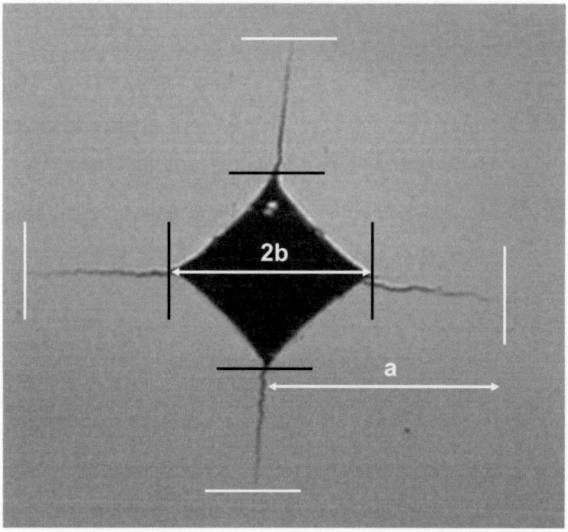

Abb. 3.10: *Härteeindruck mit Auswertung von Diagonalen und Risslängen.*

Diese Methode stellt eine Möglichkeit dar, um eine erste qualitative Aussage über das Material zu erhalten. Um eine quantitative Aussage über die Bruchzähigkeit zu treffen, sind andere Verfahren notwendig, wie z.B. die SEVNB-Methode oder die Bruchzähigkeitsbestimmung nach Chantikul.

3.5.3 Bruchzähigkeit nach Chantikul bzw. SEVNB-Methode

Die Berechnung der Bruchzähigkeit nach Chantikul et al. [116] erfolgte ebenfalls ausgehend von einem Vickers-Härteeindruck, hier allerdings auf der Zugseite einer Biegeprobe mit den Abmessungen 3 x 4 x 48 mm^3. Dabei wird K_{Ic} nicht aus der Risslänge an der Oberfläche berechnet, sondern aus der Eindruckkraft F und der im anschließenden Biegeversuch gemessenen Festigkeit σ_c nach Gl. 3.12. E bezeichnet wiederum den Elastizitätsmodul und H die Härte.

$$K_{Ic} = 0{,}59\left(\frac{E}{H}\right)^{\frac{1}{8}}\left(\sigma_c F^{\frac{1}{3}}\right)^{\frac{3}{4}} \qquad \text{Gl. 3.12}$$

Bei der “Single Edge V-Notch Beam” (SEVNB)-Methode wird nach [117] in einer Biegeprobe ein scharfer Kerb erzeugt. Eine erste 0,8 mm tiefe Kerbe wurde mittels einer Diamantscheibe eingebracht, anschließend der Kerbgrund durch eine Rasierklinge mit Diamantpaste durch eine oszillierende Bewegung weiter verfeinert. Der Kerbgrundradius sowie die Ausgangslänge a_0 des Risses wurden anschließend mit Hilfe der Auflichtmikroskopie (Olympus AX70) bestimmt.

Die so vorbereiteten Proben mit den Abmessungen 4 x 3 x 25 mm^3 wurden im 3-Punkt-Biegeversuch bis zum Bruch belastet und mit der Bruchspannung die Bruchzähigkeit gemäß Gl. 3.13 berechnet. Dabei ist F die Bruchlast, B und W bezeichnen die Probenbreite und -höhe, S den Abstand der äußeren Auflagerrollen, α die relative Kerbtiefe aus Gl. 3.14, und Y ist der Spannungsintensitäts-Formfaktor gemäß Gl. 3.15.

Die Ausrichtung der oberen Auflagerrolle und der Kerbe erfolgte mittels Stereolupe, um zu gewährleisten, dass diese genau in einer Flucht liegen.

Durch Reduzierung der Körnung der Diamantsuspension bis auf 1 µm konnten mittlere Kerbgrunddurchmesser von unter 10 µm erreicht werden.

$$K_{Ic,SEVNB} = \sigma\sqrt{a}Y = \frac{F}{B\sqrt{W}} \cdot \frac{S}{W} \cdot \frac{3\sqrt{\alpha}}{2(1-\alpha)^{1,5}} Y, \qquad \text{Gl. 3.13}$$

mit

$$\alpha = \frac{a_0}{W} \qquad \text{Gl. 3.14}$$

und

$$Y = 1{,}9472 - 5{,}0247\alpha + 11{,}8954\alpha^2 - 18{,}0635\alpha^3 + 14{,}5986\alpha^4 - 4{,}6896\alpha^5. \qquad \text{Gl. 3.15}$$

Die Bruchzähigkeitsbestimmungen für beide Methoden erfolgten an einer Universalprüfmaschine 10T der Firma UTS Testsysteme GmbH. Die Belastungsgeschwindigkeit betrug dabei 250 MPa/s.

3.5.4 Rissspitzenzähigkeit K_{I0}

Zur Bestimmung der Rissspitzenzähigkeit wurde die Auswertung des Rissöffnungsprofils δ (crack-opening displacement = COD) nahe der Rissspitze herangezogen. Dabei gilt für halbkreisförmige Risse von Vickerseindrücken, die während der Entlastungsphase entstehen, an der

Rissspitze die Bedingung $K = K_{I0}$. Die Risse zur Messung des Rissöffnungsprofils wurden in zuvor polierten Proben über Vickerseindrücke (siehe Abs. 3.5.2) mit einer Last von 10 kg eingebracht.

Anhand elektronenmikroskopischer Aufnahmen wurde das gesamte Rissöffnungsprofil von der Rissspitze ausgehend von Vergrößerungen bis 120 kX aufgenommen und mittels einer Bildauswertesoftware (Analysis) vermessen. Dabei wurde die Rissöffnung δ in Abhängigkeit des Abstandes x von der Rissspitze bestimmt. Die geometrischen Parameter, wie sie für die Auswertung des Vickerseindrucks verwendet wurden, sind in *Abb. 3.11* dargestellt.

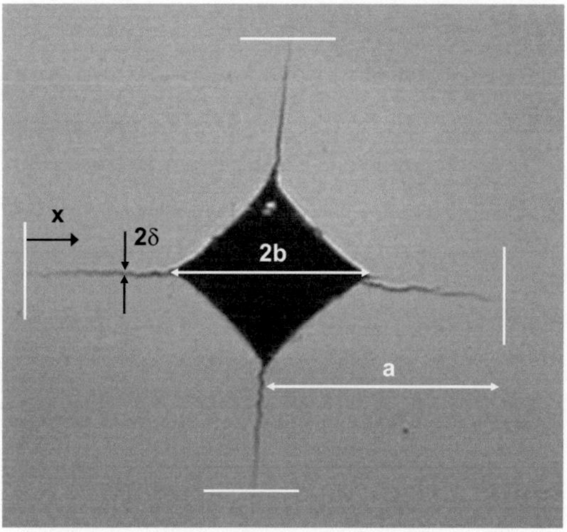

Abb. 3.11: *Vickers-Härteeindruck mit den relevanten Parametern für die Bestimmung des Rissöffnungsprofils (COD).*

Eine Beziehung zwischen Rissöffnungsverschiebung δ und Spannungsintensitätsfaktor K_{I0} wurde von Fett vorgeschlagen [118]. Eine vereinfachte Lösung (Gl. 3.16) entstand in Zusammenarbeit mit Schneider [119] für die Bedingungen $a/b > 1{,}4$ und $x/a < 0{,}5$

$$\frac{\delta}{K} = \frac{\sqrt{b}}{E'}\left(\sqrt{\frac{8}{\pi}\frac{x}{b}} + A_1\left(\frac{x}{b}\right)^{3/2} + A_2\left(\frac{x}{b}\right)^{5/2}\right) \qquad \text{Gl. 3.16}$$

mit den Parametern A_1 und A_2 gemäß Gl. 3.17 und Gl. 3.18

$$A_1 \cong 11{,}7 \exp[-2{,}063(a/b-1)^{0{,}28}] - \frac{0{,}898}{a/b-1} \qquad \text{Gl. 3.17}$$

$$A_2 \cong 44{,}5 \exp[-3{,}712\,(a/b-1)^{0{,}28}] - \frac{1}{(a/b-1)^{3/2}} \qquad \text{Gl. 3.18}$$

und dem effektiven E-Modul E' definiert als

$$E' = \begin{cases} E & \textit{Ebener Spannungszustand} \\ E/\left(1-\nu^2\right) & \textit{Ebener Dehnungszustand} \end{cases} \qquad \text{Gl. 3.19}$$

Da an der Oberfläche der Probe der ebene Spannungszustand überwiegt, wurde der Dehnungszustand vernachlässigt und der effektive E-Modul zu $E` = E$ eingesetzt.

3.5.5 R-Kurven Messung

An gekerbten Proben mit der Geometrie $3 \times 4 \times 25\ \text{mm}^3$ wurde das R-Kurvenverhalten für eindimensionale Risse untersucht. Die Kerben wurden analog der SEVNB-Methode (vgl. Abs. 3.5.3) eingebracht, allerdings mit einer größeren Kerbtiefe von 2 bis 3 mm. Die Proben wurden beidseitig ($4 \times 25\ \text{mm}^2$) bis zu einer Körnung von 1 µm poliert. Die Messungen erfolgten in einer äußerst steifen 4-Punkt-Biegevorrichtung, die stabiles Risswachstum selbst bei sehr spröden Materialien ermöglicht. Die Kraft- und Durchbiegungswerte wurden dabei aufgezeichnet und der Spannungsintensitätsfaktor K_{IR} mittels optisch gemessener Risslänge nach Gl. 3.23 berechnet [65]. Dabei ist F die Bruchlast, B und W bezeichnen die Probenbreite und -höhe, S_1 den Abstand der unteren bzw. S_2 der oberen Auflagerrollen, α die relative Kerbtiefe aus Gl. 3.21, und Y ist der Spannungsintensitäts-Geometriefaktor gemäß Gl. 3.22.

$$K_{IR} = \sigma\sqrt{a}Y = \frac{3F(S_1 - S_2)}{2BW^2} \cdot \sqrt{a}Y\ , \qquad \text{Gl. 3.20}$$

mit

$$\alpha = \frac{a_0}{W} \qquad \text{Gl. 3.21}$$

und

$$Y = \frac{1{,}1215\sqrt{\pi}}{\beta^{1,5}1}\left[\frac{5}{8} - \frac{5}{12}\alpha + \frac{1}{8}\alpha^2 + 5\alpha^2\beta^6 + \frac{3}{8}\exp(-6{,}1342\alpha / \beta)\right]. \qquad \text{Gl. 3.22}$$

Verringerte sich die Nachgiebigkeit bei Rissverlängerung um einen vom Bediener eingestellten Wert, wurde die Belastung automatisch um ca. 10 % reduziert. Dies ermöglichte die Vermessung des Risses mit einem optischen Mikroskop bei 400-facher Vergrößerung.

Eine Durchbiegungskorrektur ist notwendig, da die gemessene Verschiebung sich aus der reinen Durchbiegung der Probe, der Verschiebung durch die Nachgiebigkeit der Probe an den Kontaktpunkten und der Nachgiebigkeit der Apparatur zusammensetzt. Durch eine Steifigkeitsmessung mit einem Auflager können die letzten beiden Einflussgrößen mittels einer Korrekturfunktion aus den Messwerten heraus gerechnet werden [120].

3.5.6 Biegefestigkeit

Vier-Punkt-Biegeversuche an Biegestäbchen mit den Abmessungen 3 x 4 x 48 mm^3 wurden an einer Universalprüfmaschine 10T der Firma UTS Testsysteme GmbH in Anlehnung an DIN-EN 843-1 [121] durchgeführt. Die Belastungsgeschwindigkeit betrug dabei 250 MPa/s, um Effekte durch unterkritisches Risswachstum zu unterbinden. Die Biegefestigkeit einer einzelnen Probe wurde aus der Versagenslast F_{max} nach Gl. 3.23 berechnet.

$$\sigma_{4B} = \frac{3F(S_2 - S_1)}{2BW^2}. \qquad \text{Gl. 3.23}$$

Dabei bezeichnet F die Bruchlast, B und W die Probenbreite und -höhe, S_1 und S_2 den Abstand der Auflagerrollen.

Die Festigkeit eines keramischen Werkstoffs ist maßgeblich von Defekten und deren Verteilung im Werkstück bestimmt. Demnach ist die Streuung der Festigkeit bei Keramiken auf eine Streuung der Fehlergröße im Bauteil zurückzuführen. Für die Bestimmung der Biegefestigkeit wird daher auf die Weibull-Statistik zurückgegeriffen. Gemäß Gl. 3.24 wurde eine zweiparametrige Weibull-Verteilung mit den charakteristischen Parametern m und σ_0 erstellt, die anhand der Maximum-Likelihood-Methode bestimmt werden [83]. Parameter m ist ein Maß für die Streuung der Festigkeitswerte, σ_0 wird als charakteristische Festigkeit definiert, bei der 63,2 % der Proben versagen.

$$F(\sigma_{4B}) = 1 - \exp\left[-\left(\frac{\sigma_{4B}}{\sigma_0}\right)^m\right] \qquad \text{Gl. 3.24}$$

3.5.7 Statische Ermüdungsversuche

Statische Ermüdungsversuche wurden in destilliertem Wasser sowie Isooktan bei 20 °C durchgeführt. Es wurde dabei die gleiche Probengeometrie und Versuchsanordnung wie bei der Biegefestigkeit gewählt. Spezielle 4-Punkt-Biege-Auflager aus nichtrostendem Stahl sowie entsprechende Wannen für die Aufnahme der Versuchsmedien wurden dafür entwickelt und gefertigt (*Abb. 3.12*). Die statische Lastaufbringung erfolgte mechanisch über ein einstellbares Hebelsystem mit Totgewichten. Die Bruchzeiterfassung erfolgte mittels analoger Zeitzähler mit mechanischen Endschaltern. Die Berechnung der Risswachstumsparameter ist ausführlich in Abschnitt 4.2.7 dargestellt.

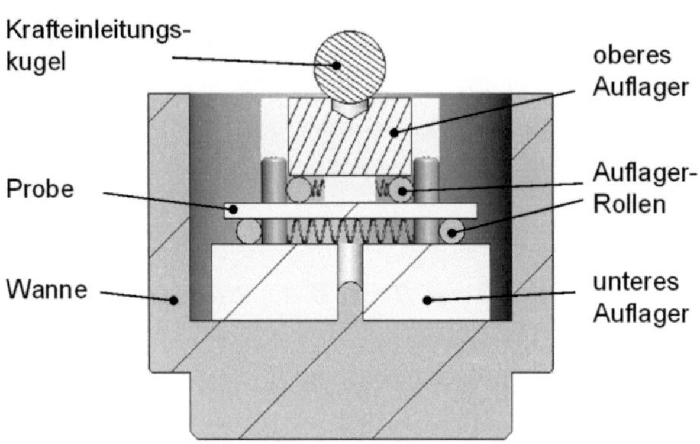

***Abb. 3.12**: CAD-Zeichnung des 4-Punkt-Biege-Auflagers für die statischen Ermüdungs-versuche mit dazugehöriger Wanne.*

3.5.8 Tribologische Untersuchungen

Tribologische Untersuchungen wurden, in Kooperation mit dem Institut für Materialforschung I, Campus Nord, an einem Labortribometer (Optimol SRV) durchgeführt. Dazu wurde eine Si_3N_4-Kugel (∅ 10 mm, Fa. Saphirwerk Industrieprodukte) über eine Zeit von 60 min auf ebenen Sialon- bzw. Sialon-SiC-Proben mit einer Frequenz von 20 Hz und einer Anpresskraft von 25 N bewegt. Bei einem Hub Δs von 2,5 mm ergab dies einen Gesamtgleitweg von 360 m (*Abb. 3.13*). Die anfängliche Flächenpressung betrug ca. 1800 MPa. Die Versuche wurden bei Raumtemperatur durchgeführt mit Isooktan als Zwischenmedium. Als charakteristische Kenngrößen wurden der Reibkoeffizient und der Verschleiß bestimmt. Die Oberfläche der Kugel war bei allen Versuchen poliert, die Platten hingegen wurden in poliertem, geschliffenem sowie im plasmageätzten Zustand untersucht. Während des Versuchs wurden die Reibungskraft und der lineare Verschleißbetrag W_l (Kugel plus Platte) kontinuierlich aufgezeichnet und nach Versuchsende mit Hilfe eines taktilen Profilometers die Verschleißbeträge getrennt an Kugel und Platte bestimmt.

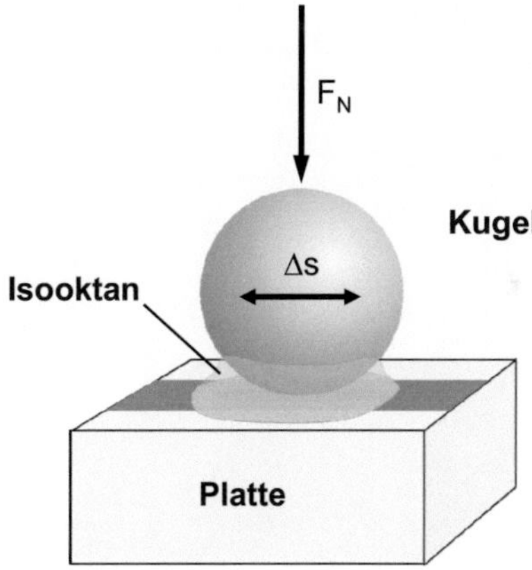

***Abb. 3.13**: Schematische Darstellung des tribologischen Systems Kugel auf Platte.*

4. Ergebnisse

In diesem Kapitel werden die im Rahmen dieser Arbeit entwickelten Sialone sowie die Sialon-SiC-Verbunde vorgestellt. Dabei wird auf die Herstellung, die Gefügeausbildung und die sich daraus ableitenden mechanischen Eigenschaften eingegangen. Es werden weiterhin unterschiedliche Verfahren zur Härtesteigerung von Sialon-Keramiken präsentiert
und anschließend die tribologischen Eigenschaften ausgesuchter Proben vorgestellt.

4.1 Gefügeentwicklung

Dieses Kapitel befasst sich mit den als Grundmaterial hergestellten Sialonen sowie mit den Sialon-SiC-Verbunden. Dabei wird auf die Beziehungen zwischen Zusammensetzung, Verdichtungsverhalten, Phasenbestand und Mikrostruktur eingegangen.

4.1.1 Sinterverhalten

Der Einfluss der Zusammensetzung auf das Sinterverhalten wird anhand dilatometrischer Versuche ermittelt. Dabei wird während des Sintervorgangs zusätzlich zu Temperatur und Druck die Längenänderung der Probe erfasst.
Neodymhaltige Zusammensetzungen zeigen eine typische Verdichtung in zwei Stadien, die ausführlich von Holzer untersucht wurde [21]. Bei niedrigen m-Werten ist der erste Peak nur angedeutet, während bei höheren m-Werten die Peaks gleich hohe Schrumpfungsraten aufweisen. Höhere Additivgehalte bewirken im Allgemeinen eine Verschiebung des Sinterbeginns hin zu höheren Temperaturen und verkürzen die Sinterdauer durch Steigerung der Sinterrate.
Alle im Rahmen dieser Arbeit mittels HIP hergestellten Zusammensetzungen mit konstantem n-Wert $n = 1{,}0$ und m-Werten von 0,3 bis 1,0 konnten mit einem geringem Sinteradditivüberschuss von 10 % bezogen auf die Neodymoxideinwaage (E1) vollständig verdichtet werden ($\rho \geq 99$ %tD). Die nach dem Archimedes-Prinzip ermittelten relativen Dichten der Proben lagen zwischen 99,0 und 99,6 %tD, was einer Restporosität zwischen 1,0 und 0,4 % entsprechen würde. Elektronenmikroskopische Untersuchungen zeigten

allerdings ein porenfreies Gefüge. Der Grund für diese Diskrepanz liegt in der Methode der Berechnung für die theoretische Dichte, die aus den Dichten der Rohpulver ermittelt wird. Deren kristalline Strukturen sind unterschiedlich von jenen der gesinterten Keramik. *Abb. 4.1 (a)* zeigt beispielhaft die relative Schrumpfung pro Zeiteinheit in Abhängigkeit der Temperatur im relevanten Temperaturbereich für die Zusammensetzung Nd0510E1.

Die Verdichtung der Sialon-SiC-Verbunde mittels HIP gestaltete sich demgegenüber als schwierig. In *Abb. 4.1 (b) – (d)* ist das Verdichtungsverhalten für drei Zusammensetzungen mit einem m-Wert von 0,5 und einem SiC-Gehalt von 5 Vol.-% dargestellt.

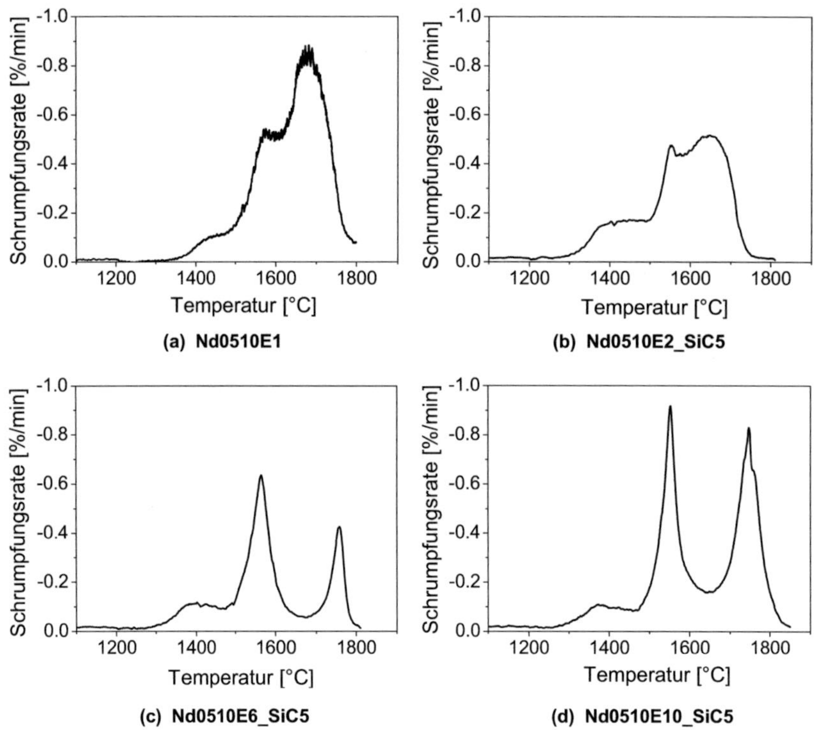

Abb. 4.1: *Verdichtungsverhalten für Zusammensetzungen mit m = 0,5, n = 1,0 mit unterschiedlichen SiC- sowie Sinteradditivgehalten.*

Bei der Variante mit 20 % Sinteradditivüberschuss (E2) ist ersichtlich, dass im Vergleich zum reinen Sialon der Hauptpeak der Verdichtung durch die SiC-Partikel um ca. 40 % reduziert wird. Bei Erhöhung des Sinteradditivs auf 60 % (E6) ist die typische Verdichtung in zwei Stadien zu erkennen. Dabei kommt die Schrumpfung bei ca. 1650 °C kurzzeitig nahezu zum Erliegen, bevor bei 1750 °C das zweite Maximum in der Schrumpfungsrate erreicht wird. Erst bei 100 %-igem Sinteradditivüberschuss können hohe Schrumpfungsraten erreicht werden, die eine vollständige Verdichtung gewährleisten. Auch hier ist die Verdichtung in zwei Stadien zu erkennen. Die relative Dichte der hier beschriebenen Sialon-SiC-Dilatometerproben ist in *Abb. 4.2 (a)* dargestellt.
Die Herstellung mittels E-Feld unterstütztem Sintern (FAST) ermöglichte für die Zusamensetzung Nd0510E10 die Einlagerung von bis zu 50 Vol.-% SiC-Partikeln. Die Versuche erfolgten bei einer maximalen Sintertemperatur von 1700 °C und einem axialen Pressdruck von 30 MPa. Die relative Dichte dieser Sialon-SiC-Verbunde für unterschiedliche SiC-Gehalte ist in *Abb. 4.2 (b)* aufgetragen. Erst bei einem SiC-Anteil von 50 Vol.-% ist keine vollständige Verdichtung mehr möglich.

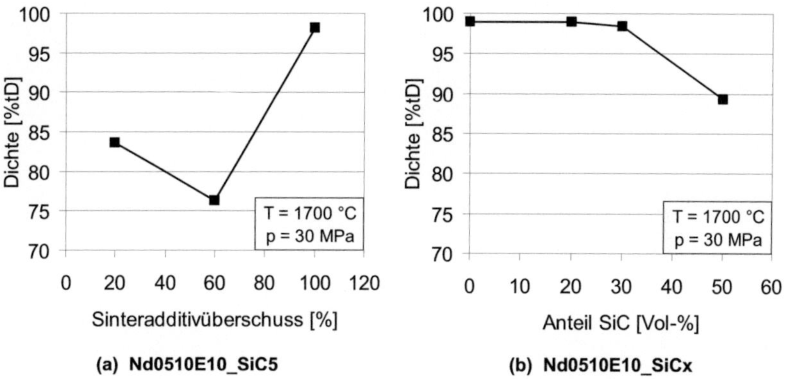

Abb. 4.2: *Relative Dichte der mittels HIP verdichteten Sialon-SiC-Verbunde mit 5 Vol.-% SiC (a) und der FAST-Proben mit unterschiedlichen SiC-Gehalten (b).*

An dieser Materialvariante wurde eine Versuchsreihe durchgeführt, bei welcher der axiale Pressdruck von 20 bis 40 MPa variiert wurde. Diese

Maßnahme führte, wie aus *Abb. 4.3 (a)* ersichtlich ist, zu keiner vollständigen Verdichtung. Die Erhöhung des Pressdrucks von 20 auf 30 MPa führt zu einer Steigerung der relativen Dichte um ca. 5 %. Es wird jedoch bei dieser Last eine Sättigung erreicht, wodurch eine weitere Steigerung des Pressdrucks keinen positiven Effekt auf die Verdichtung zeigt. Erst durch die Anhebung des Sinteradditivüberschusses von 100 auf 150 % und die Erhöhung der Sintertemperatur auf 1800 °C konnte die Variante mit 50 Vol.-% SiC vollständig verdichtet werden (*Abb. 4.3 (b)*).

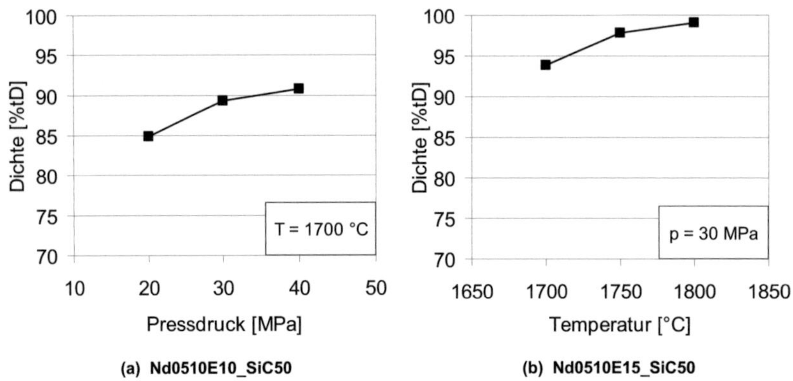

Abb. 4.3: *Relative Dichte der mittels FAST verdichteten Sialon-SiC-Verbunde mit 50 Vol.-% SiC bei Variation des Pressdrucks (a) und der Sintertemperaturen (b).*

4.1.2 α/β-Sialon-Verhältnis

Bei den untersuchten Sialon-Keramiken traten immer beide Sialon-Modifikationen auf. Zur Identifikation im Röntgendiffraktogramm wurde die JCPDS-Karte 42-0251 (Y-α-Sialon) für α-Sialon herangezogen bzw. 33-1160 eines β-Siliciumnitrids, um β-Sialon nachzuweisen, da in beiden Fällen nur eine geringe Abweichung zum Nd-Sialon auftrat. Weitere kristalline Phasen wie Melilith M' oder AlN-Polytypen wurden nicht detektiert.

Bei einem konstanten n-Wert von 1,0 wurde der *m*-Wert von 0,3 bis 1,0 variiert, wodurch man sich in der Sialon-Ebene vom β-reichen Gebiet in Richtung eines höheren α-Sialon-Anteils bewegt (*Abb. 3.1*). Die röntgenographischen Untersuchungen zeigen mit zunehmendem m-Wert den erwarteten Anstieg der α-Sialon-Peaks und eine Abnahme der Intensität für β-Sialon (*Abb. 4.4*).

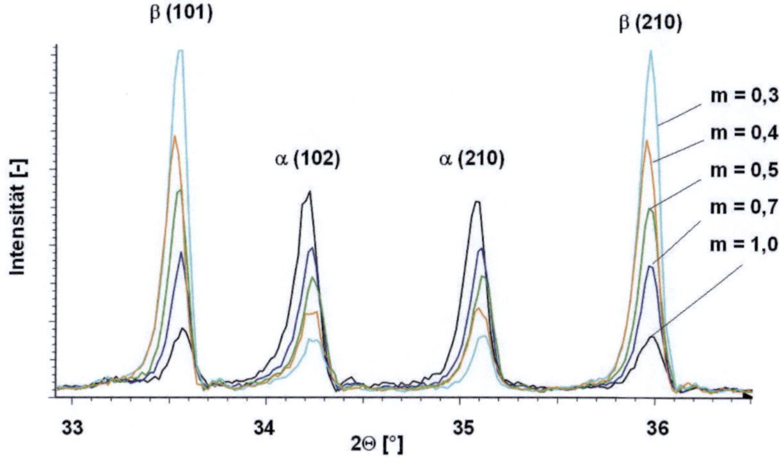

Abb. 4.4: *Auszug aus Röntgendiffraktogrammen für die Zusammensetzungen mit m = 0,3 bis 1,0 und n = 1,0.*

Die Bestimmung des α/β-Sialon-Verhältnisses für diese Zusammensetzungen anhand der vier charakteristischen Peaks der Reflexe β(101), α(102), β(210) und α(210) nach Gl. 3.5 ist in *Abb. 4.5 (a)* dargestellt. Höhere Additivgehalte bei sonst gleichen m- und n-Werten begünstigen das Entstehen der α-Sialon Phase, wie für den Fall von m = 0,5 in *Abb. 4.5 (b)* zu erkennen ist. Die mittels

FAST hergestellte Variante mit 100 %-igem Überschuss an Sinteradditiv ist im Diagramm als Dreieck dargestellt. Diese besitzt mit 73 % einen im Vergleich zur konventionell heißisostatisch gepressten Probe um etwa 15 % höheren α-Phasenanteil. Weiterhin ist bei dieser Materialvariante auffällig, dass die Intensitätsverhältnisse der charakteristischen Peaks für α- und β-Sialon im Vergleich zu den heißisostatisch gepressten Proben nicht übereinstimmen (*Abb. 4.6*). Dies weist auf eine Texturierung hin, die aus der axialen Verdichtung mittels FAST-Anlage resultieren könnte.

Die mittels FAST verdichteten Sialon-SiC-Verbunde zeigen ebenfalls ungleiche Intensitätsverhältnisse für die charakteristischen Peaks der Reflexe β(101) und β(210) bzw. α(102) und α(210). Bei diesen Verbunden überlagern sich außerdem Sialon und SiC-Reflexe, wie in *Abb. 4.7* beispielhaft für eine Variante mit 30 Vol.-% SiC dargestellt.

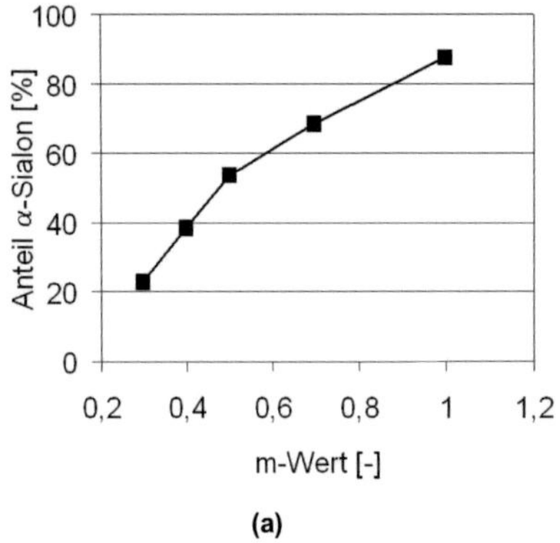

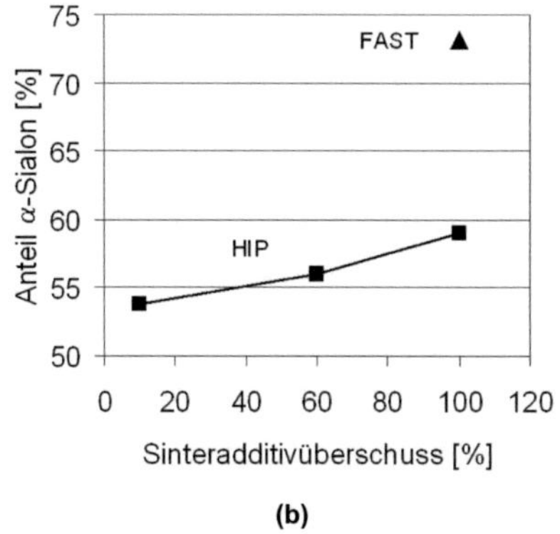

Abb. 4.5: *α-Sialon-Anteil in Abhängigkeit des m-Wertes für Zusammensetzungen mit 10 % Sinteradditivüberschuss (a) und des Sinteradditivüberschusses bei Zusammensetzungen mit m = 0,5 (b).*

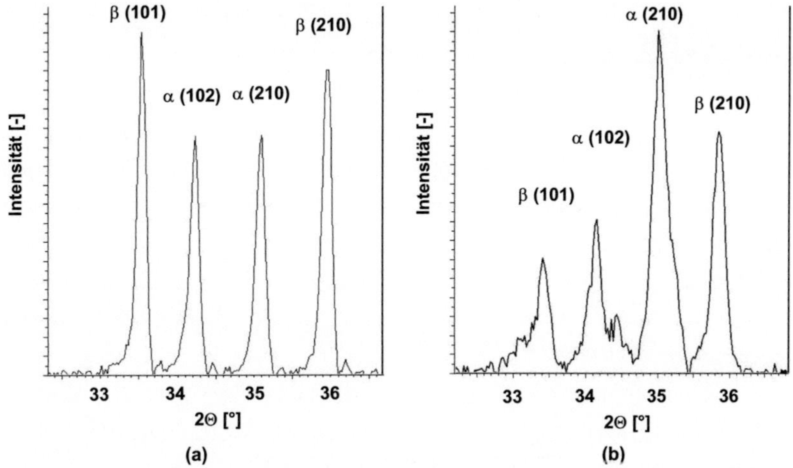

Abb. 4.6: *Auszüge aus Röntgendiffraktogrammen für die Zusammensetzung Nd0510E10 mittels HIP (a) und FAST (b) verdichtet.*

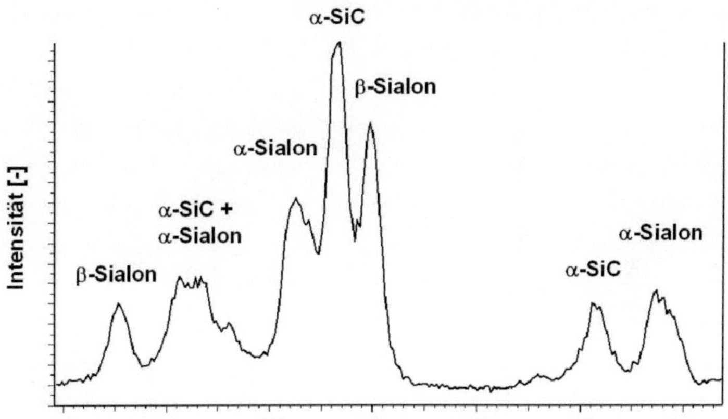

Abb. 4.7: *Auszug aus dem Röntgendiffraktogramm für den Sialon-SiC-Verbund mit 30 Vol.-% SiC.*

4.1.3 Mikrostruktur

In den elektronenmikroskopischen Aufnahmen können die α- und die β-Sialon-Phasen sowie die Korngrenzenphase leicht voneinander unterschieden werden. α-Sialon besitzt meistens rundliche Körner und erscheint aufgrund des Gehalts an Seltenen Erdkationen im Rückstreuelektronenmodus heller als die β-Sialon Phase. β-Sialon zeigt dagegen nadelförmige Kristalle hexagonalen Querschnitts mit dunkler Erscheinung, da in dessen Kristallgitter kein Element hoher Ordnung eingelagert wird. Die Korngrenzenphase erscheint dagegen aufgrund des hohen Anteils an Neodym als weiße Flecken zwischen den Körnern.

Die Gefügeaufnahmen mittels Rasterelektronenmikroskop in *Abb. 4.8* zeigen die Veränderung des Gefüges in Abhängigkeit des m-Wertes. Bei der Variante mit dem niedrigsten m-Wert und einem α-Sialon Anteil von nur ca. 20 % überwiegt die dunkle, nadelige β-Sialon-Phase. Mit zunehmendem m-Wert wird das α/β-Sialon-Verhältnis ausgeglichener, während bei Werten ab m = 0,5 neben den nadelförmigen β-Sialon-Körnern und isometrisch gewachsenen α-Sialon-Kristallen auch einige mit gestrecktem Habitus erkennbar sind. Proben mit einem hohen m-Wert von 1,0 bestehen neben einem geringen β-Sialon-Anteil aus sowohl nadelförmigen als auch globularen α-Sialon-Körnern, die in einer Glasphasen-Matrix eingebettet sind.

An der Variante Nd0510E1 wurden zusätzlich TEM-Untersuchungen durchgeführt. *Abb. 4.9* zeigt eine energiegefilterte Hellfeld-Abbildung der genannten Sialon-Variante. Es konnten dabei die einzelnen Körner, die angrenzenden Tripelpunkte sowie die Korngrenzenphase visualisiert werden. Letztere scheint nur in geringem Maße vorhanden zu sein, benetzt aber vollständig die umgebenden Körner. Da Nd vorrangig in der Glasphase gelöst ist, erscheint diese im Gegensatz zu den α- oder β-Sialon Kristallen in der Hellfeldaufnahme dunkel.

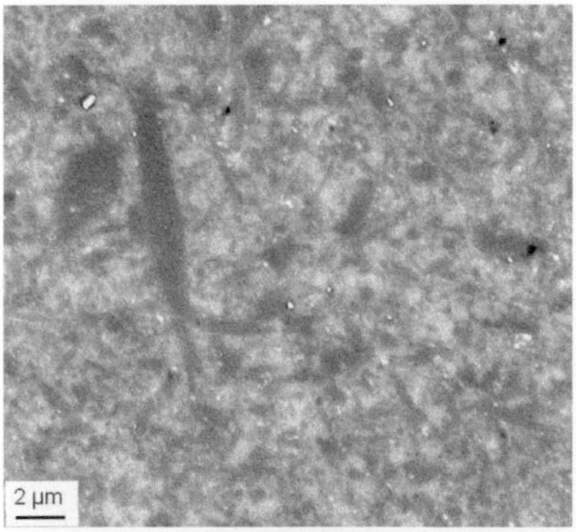

(a) Nd0310E1

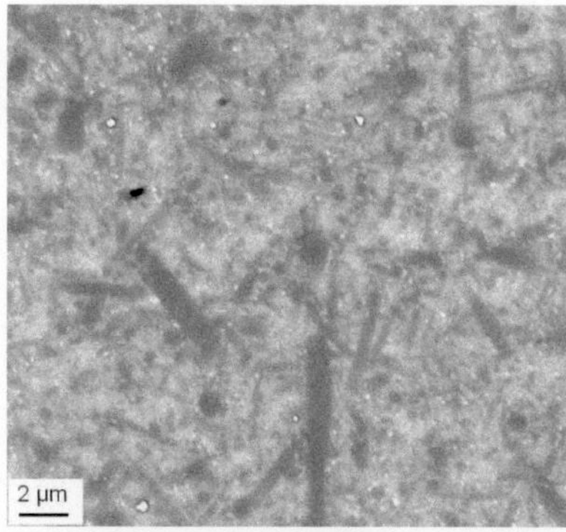

(b) Nd0410E1

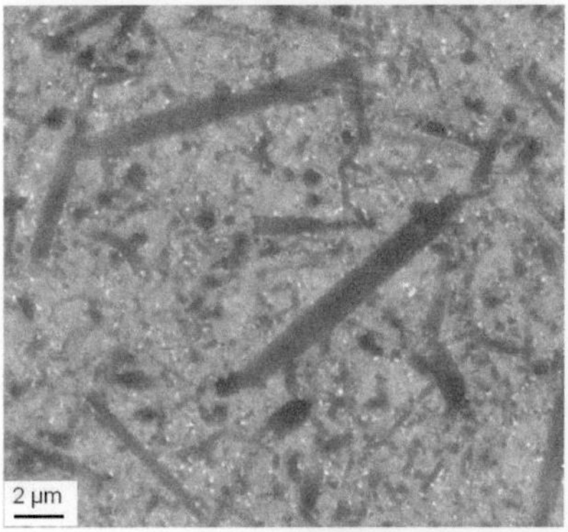

(c) Nd0510E1

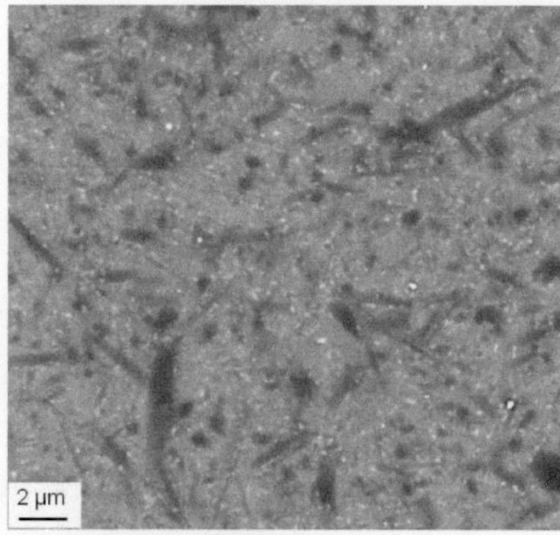

(d) Nd0710E1

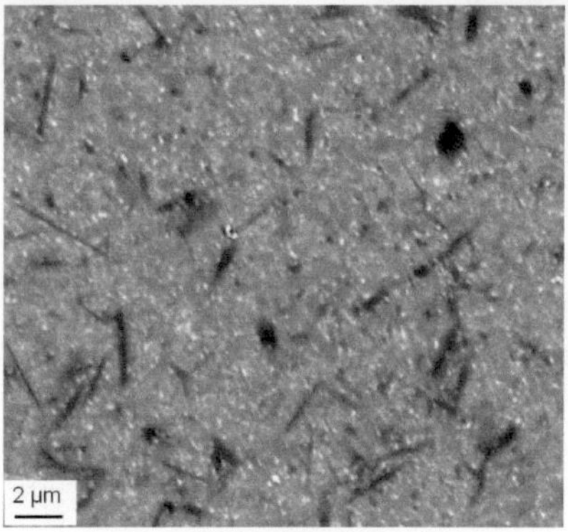

(e) Nd1010E1

Abb. 4.8: *Gefüge der HIP-Zusammensetzungen mit 10 % Sinteradditivüberschuss.*

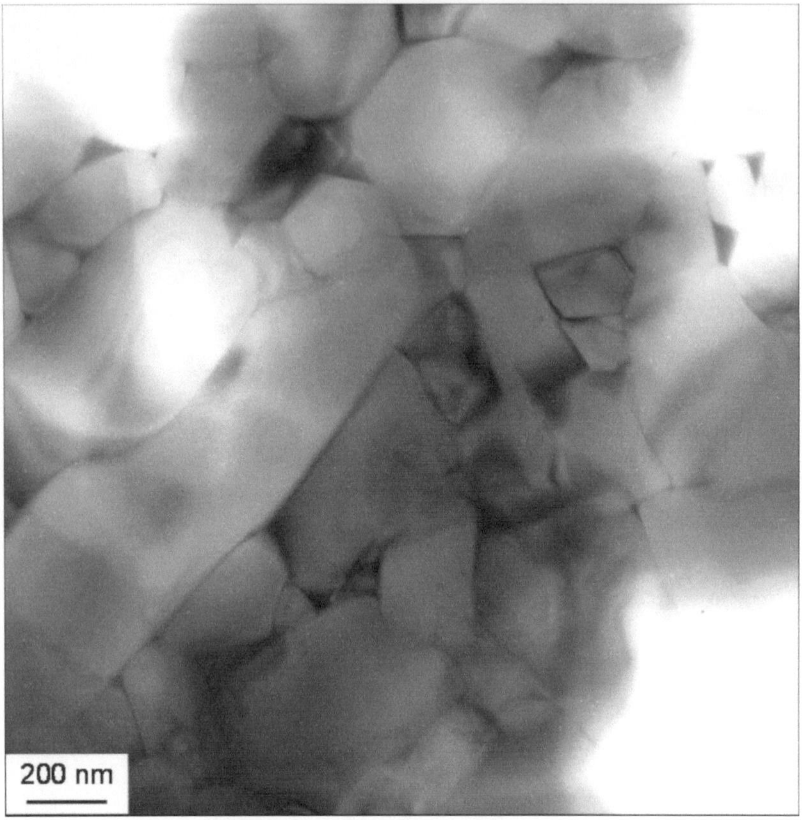

Abb. 4.9: *TEM Hellfeld-Aufnahme an Nd0510E1.*

Zur Untersuchung der Grenzfläche zwischen Glasphase und Sialon-Kristallen wurden außerdem hochauflösende TEM-Aufnahmen gemacht. Die HRTEM-Aufnahme an einem Tripelpunkt (*Abb. 4.10*) zeigt deutlich die kristallinen Bereiche der angrenzenden Körner im Gegensatz zur amorphen Glasphase.

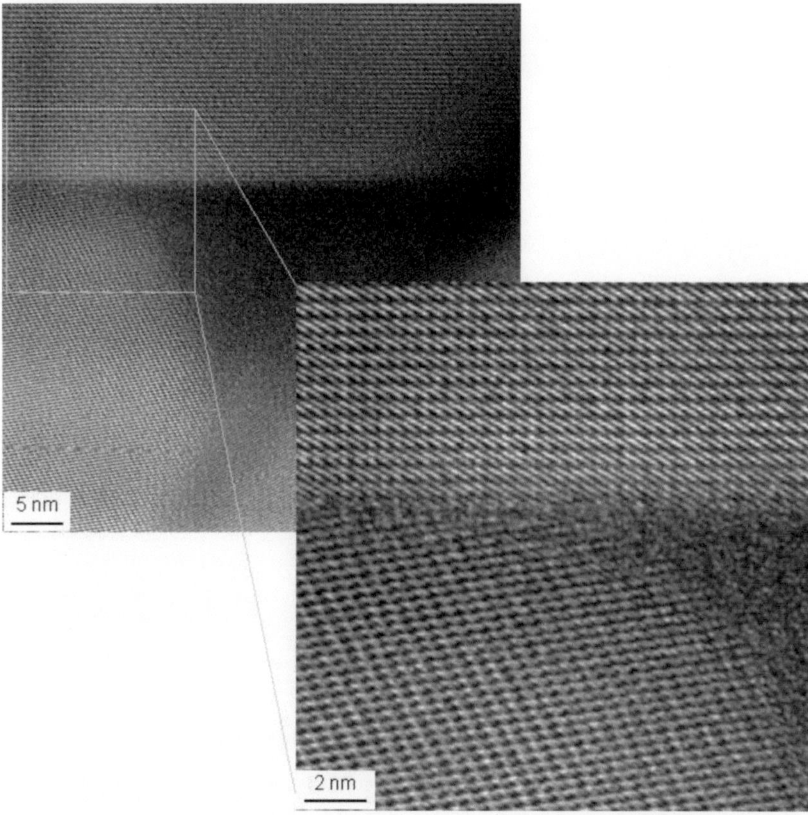

Abb. 4.10: *Hochauflösende TEM-Aufnahme an einer Korngrenze der Materialvariante Nd0510E1.*

Mittels energiegefilterem TEM (EFTEM) wurde an dieser Materialvariante eine Elementanalyse durchgeführt, um die Verteilung der einzelnen Elemente in den jeweiligen Phasen zu visualisieren. Aus *Abb. 4.11* ist ersichtlich, dass die amorphe Glasphase hauptsächlich aus den Elementen Si, O und Nd besteht und überall zwischen den Körnern vorhanden ist. Letztere hingegen setzen sich vermehrt aus Si, Al und N zusammen. Aufgrund des hohen Signalrauschens und des relativ geringen Gehalts an Nd im α-Sialon können die Körner nicht genau einer der beiden Sialon-Phasen zugeordnet werden.

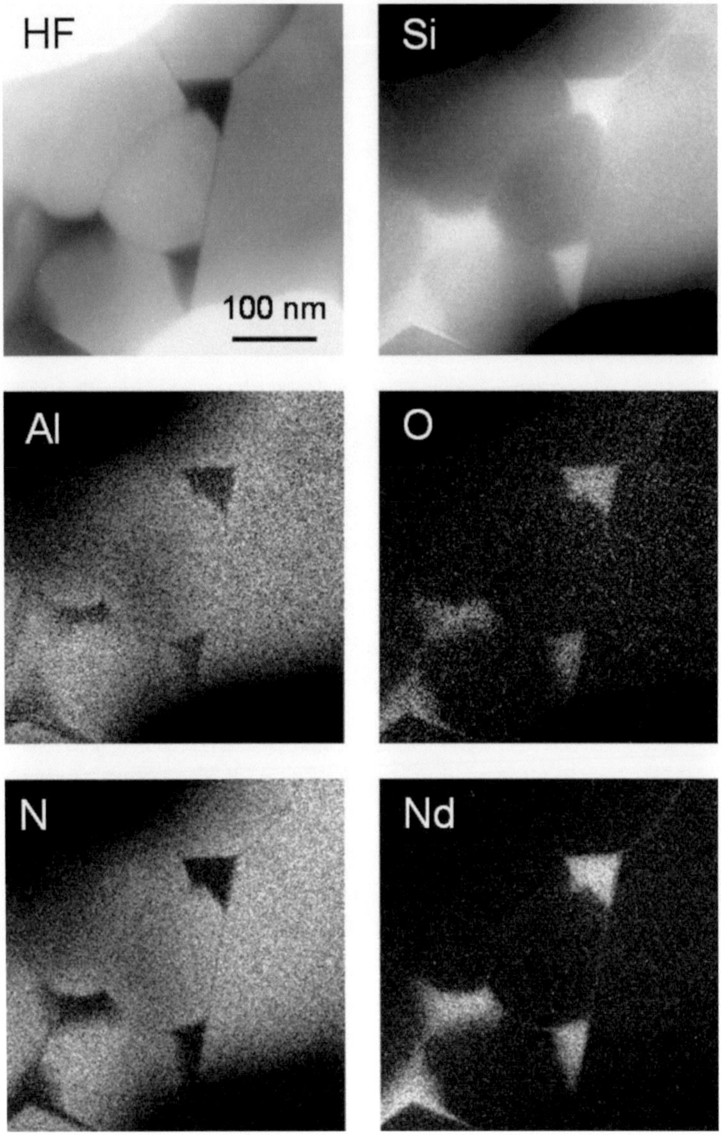

Abb. 4.11: *EFTEM an Nd0510E1; Hellfeldaufnahme und Elementverteilungen.*

Weitere REM-Untersuchungen an den Sialon-Varianten Nd0510E6 bzw. E10 mit höherem Sinteradditivgehalt zeigen eine signifikante Veränderung des Gefüges mit zunehmendem Nd_2O_3-Überschuss. Der Anteil an β-Phase nimmt leicht ab, erreicht dabei etwas höhere Streckungsgrade und eine beachtliche maximale Länge von 10 µm. Dagegen steigen der α-Sialon-Gehalt und der Anteil an Glasphase leicht an, wie das Gefüge von Nd0510E10 in *Abb. 4.12 (a)* verdeutlicht. Dabei nimmt die Kornmorphologie der α-Sialon-Phase mit steigendem Sinteradditivüberschuss eine zunehmend gestreckte Form an. Im Vergleich dazu zeigt die mittels FAST verdichtete Probe mit der gleichen Zusammensetzung ein sehr feinkörniges Gefüge mit um eine Größenordnung kleineren β-Sialon-Nadeln, die einen geringeren Streckungsgrad aufweisen (*Abb. 4.12 (b)*).

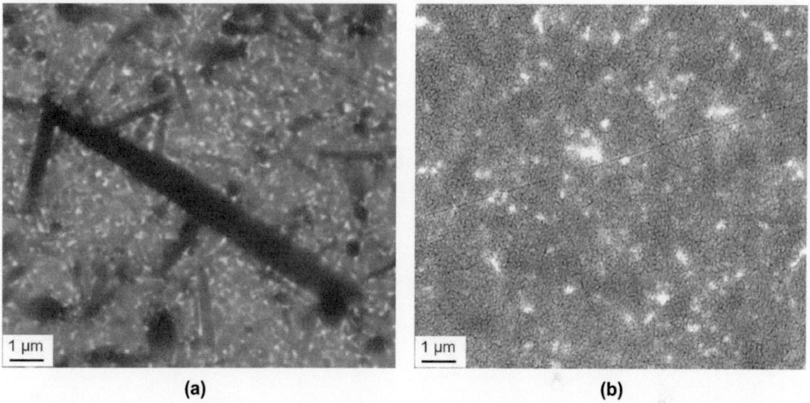

Abb. 4.12: *REM-Aufnahmen im Rückstreuelektronenmodus des mittels HIP (a) bzw. FAST hergestellten Nd0510E10 (b).*

Das feine Gefüge konnte unter Verwendung des Rückstreuelektronenmodus, wie aus *Abb. 4.12 (b)* ersichtlich, nur unzureichend sichtbar gemacht werden, weshalb die mittels feldunterstützter Sintertechnik hergestellten Sialone und Sialon-SiC-Verbunde für die elektronenmikroskopischen Aufnahmen plasmageätzt wurden (*Abb. 4.13*). Bei den Verbunden kam noch erschwerend hinzu, dass die feinkörnigen SiC-Teilchen aufgrund des zu geringen Materialkontrasts zwischen Siliciumcarbid und Sialon nicht zu erkennen waren. Dennoch ist aus den REM-Aufnahmen zu entnehmen, dass die

Verbunde ein ähnlich feines Gefüge wie das reine Sialon aufweisen. Dabei sind vor allem die Lücken herausgetrennnter β-Sialon-Körner zu erkennen, deren maximale Länge ca. 1 µm beträgt. Nd0510E10_SiC20 zeigt im plasmageätzten Zustand ein ähnliches Gefüge wie das reine Sialon Nd0510E10. Die nadeligen Körner des β-Sialons sind jedoch kleiner und weniger zahlreich als bei Nd0510E10. Mit zunehmendem SiC-Gehalt verstärkt sich diese Tendenz (*Abb. 4.13*).

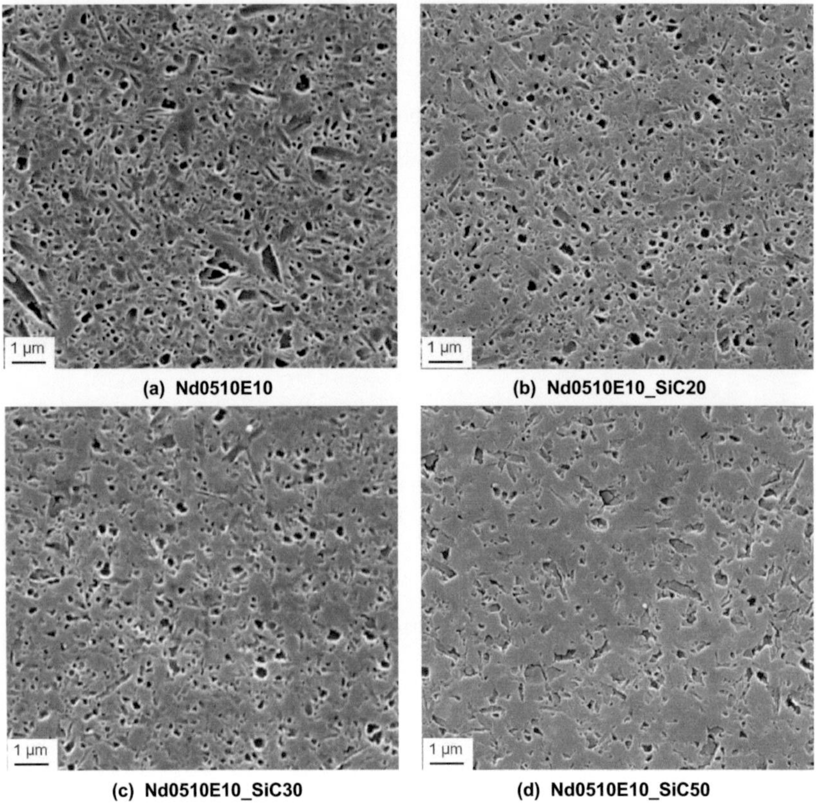

Abb. 4.13: *Gefüge-Aufnahmen von FAST-verdichteten Sialon bzw. Sialon-SiC-Verbunden mit unterschiedlichen SiC-Gehalten im plasmageätzten Zustand.*

Die Sialon-SiC-Verbunde mit unterschiedlichen SiC-Konzentrationen wurden generell mit einem feinkörnigen α-SiC-Pulver hergestellt. Dessen

Partikelverteilung ist in *Abb. 4.14 (a)* dargestellt. Eine zusätzliche Variante mit 30 Vol.-% SiC wurde mit grobkörnigen SiC-Partikeln verdichtet (*Abb. 4.14 (b)*). *Abb. 4.15* zeigt lichtmikroskopische *(a)* bzw. REM-Aufnahmen *(b)* und *(c)* des grobkörnigen Sialon-SiC-Verbundes mit 30 Vol.-% SiC. Die SiC-Partikel sind im Lichtmikroskop deutlich als weiße, im REM als schwarze Körner zu erkennen. Das Visualisieren der SiC-Körner mit Hilfe des REMs im Rückstreuelektronenmodus ist bei dieser Materialvariante möglich, da sich die amorphe Glasphase in bestimmten Bereichen um die Körner ansammelt, so dass ein ausreichend hoher Kontrast zwischen den Phasen entsteht. Dabei ist zu erkennen, dass in den Regionen mit hohem Anteil an Glasphase die β-Sialon Körner ungehindert wachsen können und dadurch äußerst hohe Streckungsgrade erreichen.

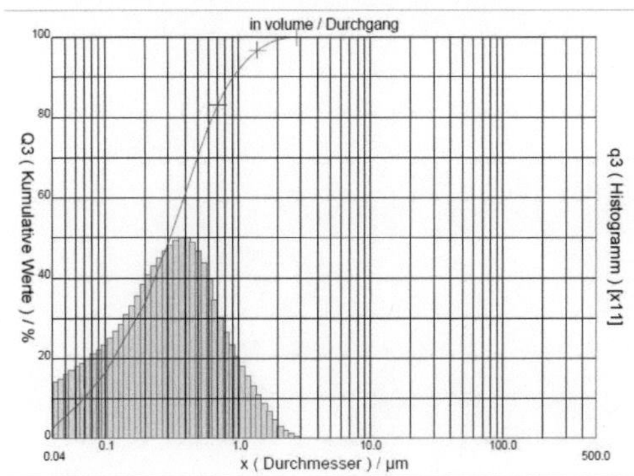

UF15

Durchmesser 10% : 0,07 µm
Durchmesser 50% : 0,31 µm
Durchmesser 90% : 0,91 µm

(a)

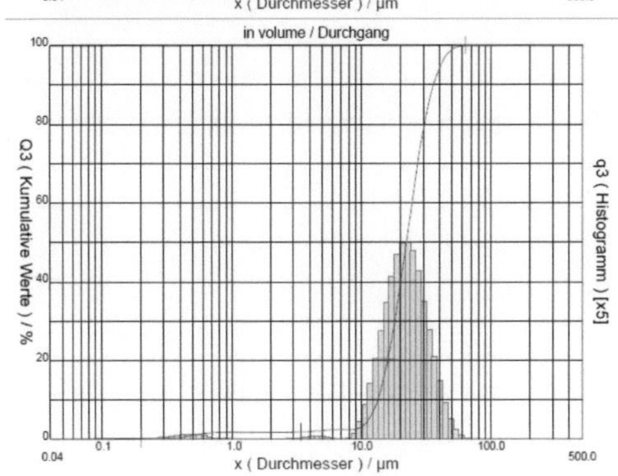

F400

Durchmesser 10% : 13,29 µm
Durchmesser 50% : 22,14 µm
Durchmesser 90% : 35,95 µm

(b)

Abb. 4.14: *Partikelgrößenverteilung der SiC Pulver UF15 (a) und F400 (b).*

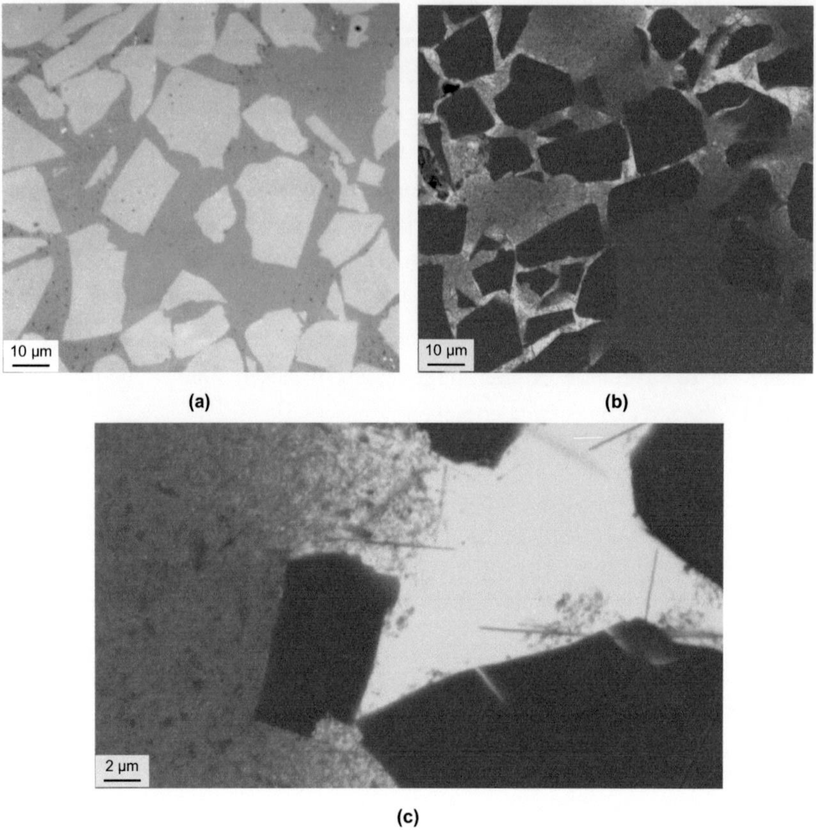

Abb. 4.15: *Lichtmikroskopische (a) bzw. REM-Aufnahmen (b), (c) des Sialon-SiC-Verbundes Nd0510E10_SiC30g mit grobkörnigen SiC-Partikeln.*

4.2 Mechanische Eigenschaften

In diesem Abschnitt werden die experimentellen Ergebnisse aus der Charakterisierung der mechanischen Eigenschaften Elastizitätsmodul, Schubmodul, Härte und Bruchzähigkeit für die Sialon-Grundmaterialien präsentiert. Dabei spielen die Zusammensetzung (m-Wert) und der Sinteradditivüberschuss (Ex) eine große Rolle. Aus diesem Grund wurden drei Materialvarianten (Nd0510E1, Nd0510E6 und Nd1010E1), die sich im α/β-Sialon-Verhältnis sowie im Anteil an Glasphase unterscheiden, näher untersucht. An diesen Varianten wurden zusätzlich das R-Kurvenverhalten, die Rissspitzenzähigkeit, die Festigkeit und das unterkritische Risswachstum unter Medieneinfluss analysiert. Die Bestimmung der Bruchzähigkeit erfolgte dabei nach unterschiedlichen Prüfverfahren, um einen Vergleich der Methoden zu ermöglichen. Zur Bestimmung des unterkritischen Risswachstums für diese Art von Materialien mit hohen Risswachstumsexponenten wurde eine neue Auswertemethode entwickelt, bei der Durchläufer auf einem höheren Lastniveau erneut belastet werden können. Dadurch ist eine genauere Aussage über das unterkritische Risswachstum möglich.
Unterschiedliche Verfahren zur Härtesteigerung von Sialon-Keramiken und die Eigenschaften von Sialon-SiC-Verbunden werden in einem separaten Kapitel (4.3) beschrieben.

4.2.1 Elastizitätsmodul

Die elastischen Konstanten Elastizitätsmodul und Schubmodul wurden für die Sialon-Grundmaterialien mit einem n-Wert 1,0 und m-Werten von 0,3 bis 1,0 mit unterschiedlichen Sinteradditivüberschüssen nach dem Ultraschall-Laufzeitverfahren gemessen. Die quaderförmigen Proben wurden zuvor planparallel geschliffen und einseitig poliert, um eine konstante Probendicke und eine hohe Oberflächengüte zu gewährleisten.
Aus *Abb. 4.16* ist zu entnehmen, dass sowohl E-Modul *(a)* als auch Schubmodul *(b)* mit zunehmendem m-Wert tendenziell ansteigen. Die E-Moduln liegen dabei zwischen 317 und 321 GPa.

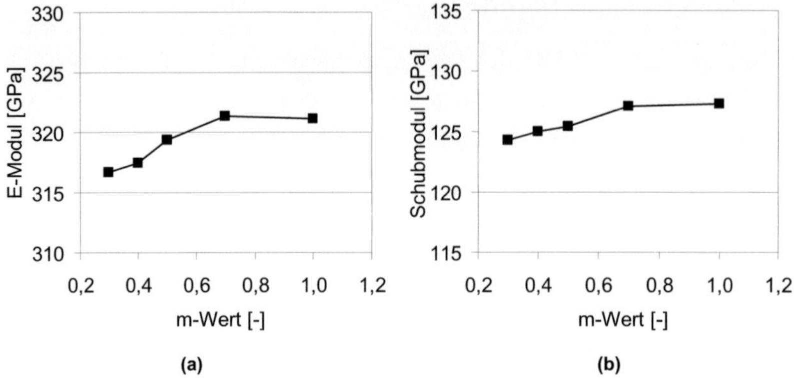

Abb. 4.16: *Elastizitätsmodul (a) und Schubmodul (b) in Abhängigkeit des m-Wertes für Sialone mit 10 % Sinteradditivüberschuss.*

Abb. 4.17 zeigt, dass sowohl der E-Modul *(a)* als auch Schubmodul *(b)* mit steigendem Sinteradditivüberschuss abnehmen, bei einem höheren Gehalt von 100 % allerdings wieder etwas zunehmen. Die E-Moduln liegen dabei für die additivreicheren Varianten E6 und E10 bei 310 bzw. 313 GPa.

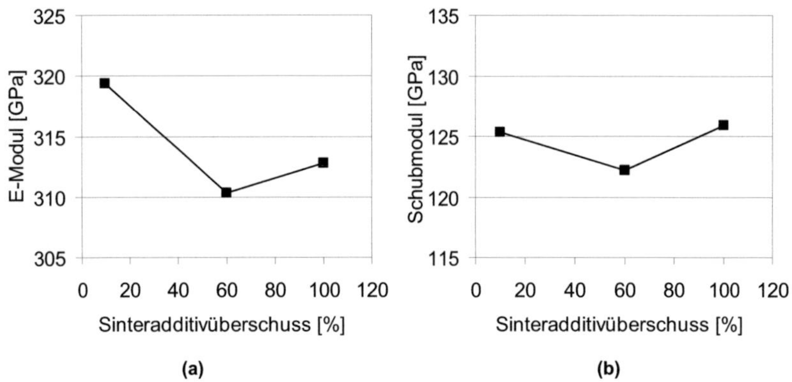

Abb. 4.17: *Elastizitätsmodul (a) und Schubmodul (b) in Abhängigkeit des Sinteradditiv-überschusses für die Zusammensetzung mit m = 0,5 und n = 1,0.*

4.2.2 Härte und Bruchzähigkeit nach der Indentermethode

Die Härte der untersuchten Sialon-Proben nimmt mit steigendem m-Wert bis auf ca. 1970 HV10 der α-reichsten Variante mit m = 1,0 stetig zu (*Abb. 4.18 (a)*). Die Fehlerbalken zeigen dabei die Standardabweichung, die mit zunehmender Härte, also kleinerem Eindruck, größer wird. Die nach der Indentermethode ermittelten Bruchzähigkeits-Werte K_{Ic} liegen zwischen 6,2 und 6,45 MPam$^{1/2}$. Sie zeigen bei zunehmendem m-Wert zunächst einen Anstieg mit einem Maximum bei der ausgewogenen α/β-Sialon-Variante Nd0510E1 und sinken dann zu m = 1,0 hin auf den Anfangswert (*Abb. 4.18 (b)*). Bemerkenswert ist, dass auch bei hohen m-Werten, also höheren α-Sialon-Anteilen, die Bruchzähigkeit auf einem hohen Niveau bleibt.

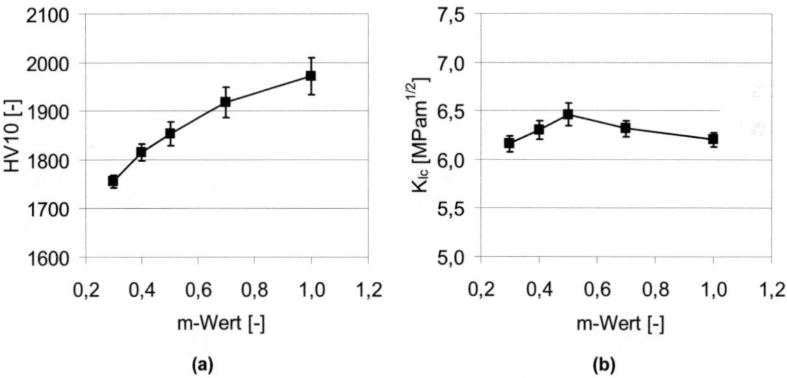

Abb. 4.18: *Vickers-Härte HV10 (a) und Bruchzähigkeit K_{Ic} (b) in Abhängigkeit des m-Wertes für Sialone mit 10 % Sinteradditivüberschuss.*

Ein Einfluss der unterschiedlichen Additivmengen in der Probenzusammensetzung auf die mechanischen Eigenschaften zeigt *Abb. 4.19*. Hier ist zu erkennen, dass bei Steigerung des Sinteradditivüberschusses von 10 auf 60 % die Härte um ca. 5 % abnimmt. Eine Erhöhung des Sinteradditivs auf 100 % verursacht keine weitere Härteabnahme. Im Gegensatz dazu steigt die Bruchzähigkeit mit zunehmendem Anteil an Neodymoxid stetig bis auf Werte von 6,7 MPam$^{1/2}$ an.

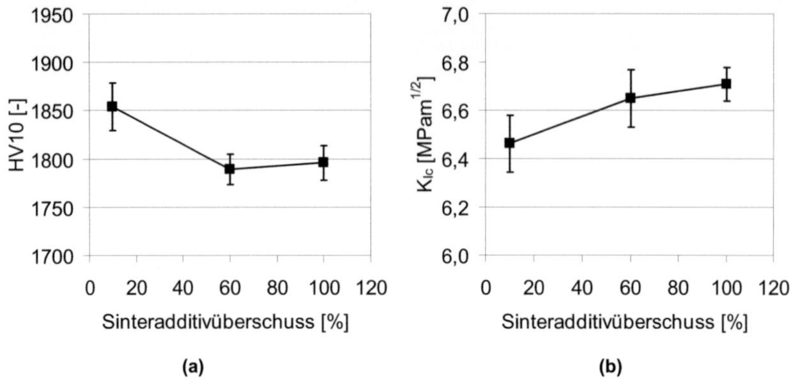

Abb. 4.19: *Vickers-Härte HV10 (a) und Bruchzähigkeit K_{Ic} (b) in Abhängigkeit des Sinteradditivüberschusses für Sialone mit m = 0,5.*

4.2.3 Weitere Methoden zur Bestimmung der Bruchzähigkeit

Standardmäßig wurde im Rahmen dieser Arbeit die Bruchzähigkeit mit der Indentermethode nach einem Vickers-Eindruck bestimmt. Diese Methode bietet allerdings nur eine qualitative Vergleichbarkeit unter den Proben, denn wie mehrfach in der Literatur diskutiert, können die gemessenen Werte nicht als absolut betrachtet werden [122].

Es wurden daher zwei weitere Methoden zur Bestimmung des K_{Ic} herangezogen, das Verfahren nach Chantikul sowie die SEVNB-Methode. Bei dieser wurden je Materialvariante fünf gekerbte Proben im 3-Punkt-Biegeversuch bis zum Bruch belastet. Die SEVNB-Methode ermöglicht dabei die Ermittlung des genauesten Wertes für K_{Ic}. Der dabei auftretende Fehler ist umso geringer, je kleiner der Kerbradius ist.

Im Gegensatz dazu erfolgt die Berechnung der Bruchzähigkeit nach Chantikul ausgehend von einem Vickers Härteeindruck an einer Biegeprobe. Auch hier wurden fünf Proben bis zum Bruch belastet, um dann mittels Gl. 3.12 K_{Ic} zu bestimmen.

In *Tab. 4.1* sind die K_{Ic}- Werte für die unterschiedlichen Messmethoden zusammengefasst. Die Bruchzähigkeit nach der Indentermethode liegt um etwa eine Einheit über den Werten der Chantikul- bzw. SEVNB-Methode, zeigt aber qualitativ das gleiche Verhalten wie die Ergebnisse bei den genaueren

Verfahren. So besitzt die α-reiche Sialon-Variante Nd1010E1 den niedrigsten K_{Ic}, gefolgt von der gemischten α/β-Variante Nd0510E1. Die gemischte α/β-Variante mit zusätzlichem Sinteradditivgehalt (Nd0510E6) weist die höchsten Werte auf.

Material	K_{Ic} Niihara [MPam$^{1/2}$]	K_{Ic} Chantikul [MPam$^{1/2}$]	K_{Ic} SEVNB [MPam$^{1/2}$]
Nd0510E1	6,46 ± 0,12	5,47 ± 0,09	5,54 ± 0,12
Nd0510E6	6,65 ± 0,12	5,52 ± 0,05	5,93 ± 0,04
Nd1010E1	6,20 ± 0,08	5,00 ± 0,03	5,22 ± 0,03

Tab. 4.1: *Vergleich der Bruchzähigkeitswerte für drei Sialon-Varianten unter Verwendung unterschiedlicher Messmethoden.*

4.2.4 Rissspitzenzähigkeit

Zur Bestimmung der Rissspitzenzähigkeit K_{I0} nach der COD-Methode wurde die Rissöffnung in Abhängigkeit des Abstandes zur Rissspitze vermessen. Diese Prozedur wird exemplarisch anhand der Materialvariante Nd0510E1 dargestellt. *Abb. 4.20* zeigt einen durch Vickers-Eindruck erzeugten Riss bei 60.000-facher Vergrößerung.

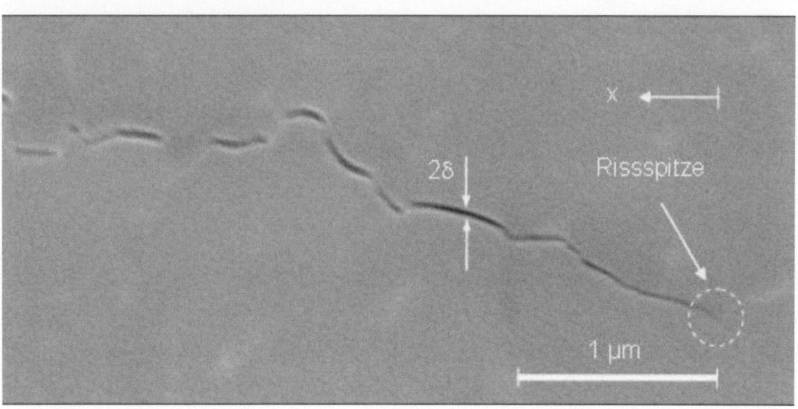

***Abb. 4.20**: REM-Aufnahme der Rissspitze in Nd0510E1 bei 60.000-facher Vergrößerung.*

Die Ergebnisse für diese Materialvariante sind in *Abb. 4.21 (a)* als Kreise für die Rissöffnung des gesamten Vickers-Eindrucks dargestellt. *Abb. 4.21 (b)* zeigt einen detaillierten Ausschnitt des Bereichs in der Nähe der Rissspitze. Die durchgezogene Linie zeigt eine durchschnittliche Kurve für die experimentellen Werte, die zu einer Rissspitzenzähigkeit K_{I0} = 1,6 MPam$^{1/2}$ für dieses Material führen. Dabei wurden Werte in einem Bereich von bis zu x = 5 µm von der Rissspitze ausgewertet. Die gestrichelten Kurven stellen die Näherungen für Gl. 3.16 für willkürlich gewählte Spannungsintensitätsfaktoren von K = 1,0 bis K = 4,0 MPam$^{1/2}$ dar.

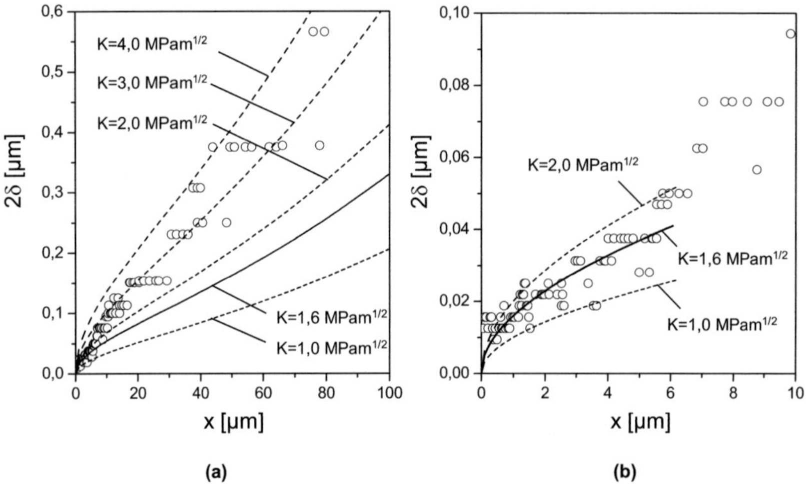

Abb. 4.21: *Darstellung der Rissöffnung (a) und der rissspitzennahen Rissöffnung (b) für die Materialvariante Nd0510E1; Symbole: gemessene COD; durchgezogene Kurve: gemittelte Kurve für gemessene Werte; gestrichelte Kurven: berechnete Kurven für willkürliche K-Werte.*

Die Anwendung des gleichen Auswerteverfahrens im Rissspitzenbereich der weiteren Sialon-Varianten führte zu einer Rissspitzenzähigkeit K_{I0} = 1,5 MPam$^{1/2}$ für das mit höherem Sinteradditivüberschuss hergestellte Nd0510E6 und K_{I0} = 1,4 MPam$^{1/2}$ für das α-reiche Sialon Nd1010E1 (*Abb. 4.22*).

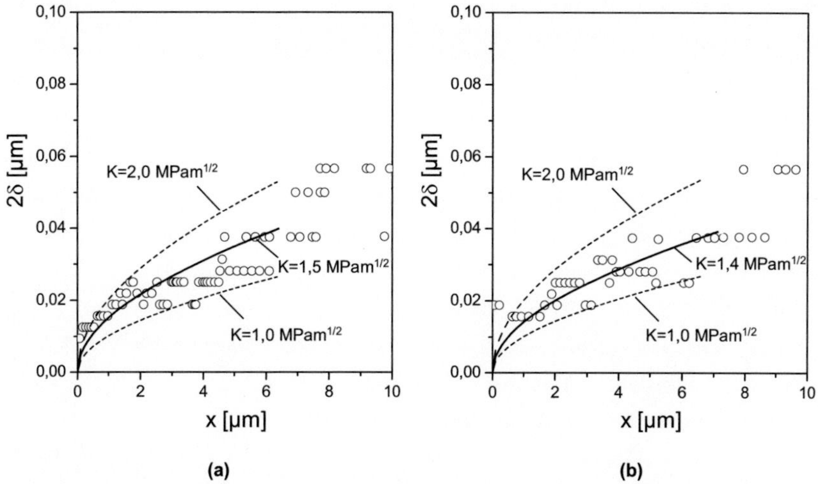

Abb. 4.22: *Darstellung der rissspitzennahen Rissöffnung für die Materialvariante Nd0510E6 (a) und Nd1010E1 (b). Symbole: gemessene COD; durchgezogene Kurve: gemittelte Kurve für gemessene Werte; gestrichelte Kurven: berechnete Kurven für willkürliche K-Werte.*

4.2.5 R-Kurvenverhalten

Das R-Kurvenverhalten für eindimensionale Risse wurde an gekerbten Proben untersucht. Die äußerst steife 4-Punkt-Biegevorrichtung und das halbautomatische schnelle Entlasten der Probe ermöglichten stabiles Risswachstum für die drei untersuchten Materialvarianten Nd0510E1, Nd0510E6 und Nd1010E1. Der Spannungsintensitätsfaktor K_{IR} wurde dabei mittels optisch gemessener Risslänge berechnet. Diese Methode bietet jedoch eine unzureichend genaue Auflösung bei Risslängen unter 10 bis 20 µm, was dem wichtigen Bereich des ersten Anstiegs der R-Kurve entspricht. Aus diesem Grund wurden die Kraft-Durchbiegungswerte des Versuches ausgewertet, um auch diesen Bereich präzise zu charakterisieren. Diese Werte mussten jedoch zusätzlich zur Kraft- und Durchbiegungskorrektur, bedingt durch den Versuchsaufbau, noch weitere Korrekturschritte durchlaufen. Dabei handelt es sich um Einflüsse des Kerbeffektes am Kerbgrund sowie um die getrennte Betrachtungsweise von Kerbe und Riss, wohingegen in der bisherigen Literatur von einem langen Riss ausgegangen wurde. Diese neue Methode ist ausführlich in [123] erläutert.

Anhand dieses sog. „Compliance"-Verfahrens konnte der Anstieg der R-Kurve von der Rissspitzenzähigkeit K_{I0} bis hin zu dem Plateauwert ermittelt werden. Die mit der genannten Methode korrigierten R-Kurven sind in *Abb. 4.23* dargestellt. Dabei wurde der Anfangsbereich (~5 µm) der R-Kurve aus den korrigierten Kraft-Durchbiegungswerten bestimmt, während der restliche Teil aus der konventionellen optischen Methode mittels Lichtmikroskop berechnet wurde. Als Startwert der R-Kurven für die drei Sialon-Varianten wurde die mittels COD-Methode (Vgl. 4.2.4) bestimmte Rissspitzenzähigkeit K_{I0} gewählt. Die Kurven erreichen innerhalb der ersten 10-20 µm annähernd ein Plateau mit $K_{IR} = 4{,}7$ MPam$^{1/2}$ für die Materialvariante Nd1010E1, $K_{IR} = 5{,}2$ MPam$^{1/2}$ für Nd0510E1 und $K_{IR} = 5{,}8$ MPam$^{1/2}$ für Nd0510E6. Mit steigender Risslänge Δa wächst der Spannungsintensitätsfaktor annähernd linear bei Nd1010E1 bis auf $K_{IR} = 5{,}0$ MPam$^{1/2}$ leicht an, bei Nd0510E1 wird $K_{IR} = 5{,}5$ MPam$^{1/2}$ erreicht, während Nd0510E6 den am stärksten ausgeprägten Verstärkungsmechanismus aufweist. Bei dieser Materialvariante erreicht die Risswiderstandskurve $K_{IR} = 6{,}7$ MPam$^{1/2}$.

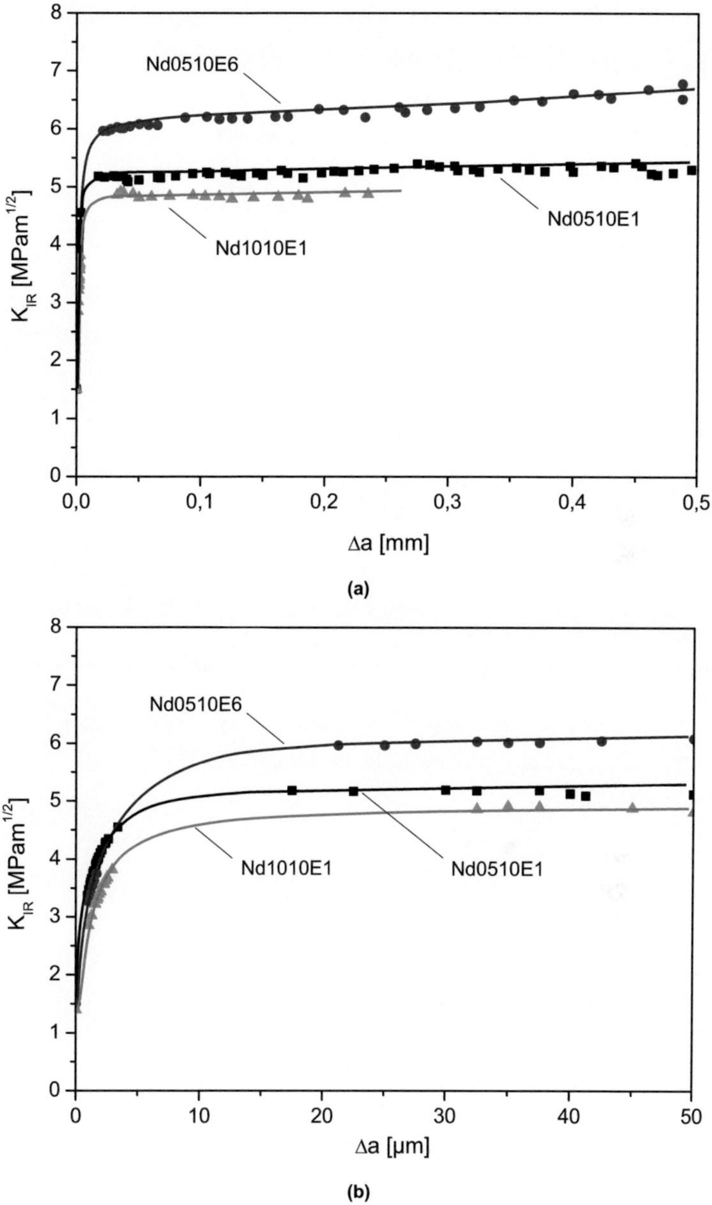

Abb. 4.23: *R-Kurven für unterschiedliche Sialone bei einer Rissverlängerung von 0,5 mm (a) bzw. für die ersten 50 µm Rissverlängerung (b).*

4.2.6 Festigkeit

Um das Versagensverhalten der drei näher untersuchten Sialon-Varianten zu charakterisieren, wurde die maximale Bruchlast im 4-Punkt-Biegeversuch ermittelt und daraus die kritische Spannung σ_c berechnet. Die Inertfestigkeitsmessung ergab die in *Abb. 4.24* dargestellten Weibull-Verteilungen.

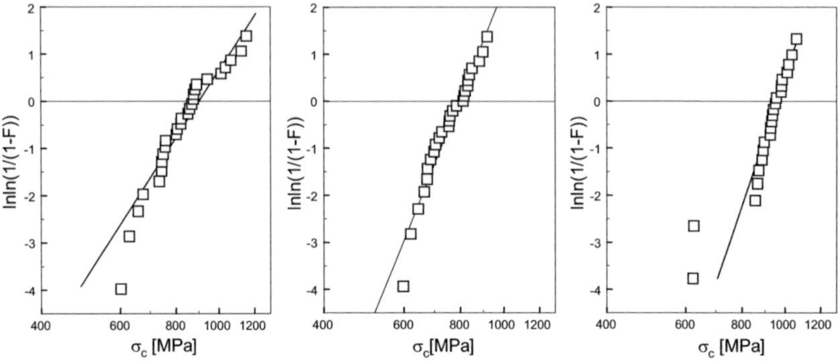

Abb. 4.24: *Weibull-Verteilung der Biegefestigkeiten für drei untersuchte Sialonvarianten.*

Die daraus nach der Maximum-Likelihood-Methode ermittelten Weibull-Parameter σ_0, m sowie der korrigierte Weibull-Modul m_{korr} sind in *Tab. 4.2* zusammengefasst.

Material	σ_0 [MPa]	m [-]	m_{korr} [-]
Nd0510E1	904	6,2	5,9
Nd0510E6	800	9,9	9,3
Nd1010E1	959	12,3	11,5

Tab. 4.2: *Weibull-Parameter für drei Sialon-Varianten.*

Mit einer charakteristischen Festigkeit von 959 MPa und einem korrigierten Weibull-Modul von 11,5 besitzt die α-reiche Sialon-Variante die besten Eigenschaften. Die Varianten Nd0510E1 bzw. E6 besitzen bis ca. 900 MPa sehr ähnliche Weibull-Verteilungen. Die E1 Variante weist allerdings fünf

Proben auf, die erst bei Spannungen von über 1000 MPa versagten und somit für eine höhere Inertfestigkeit und letztendlich einen schlechteren Weibull-Modul verantwortlich sind.

4.2.7 Unterkritisches Risswachstum

Bei dieser Untersuchung sollte der Einfluss der Fördermedien von Hochdruckpumpen auf Festigkeit und Lebensdauer unter mechanischer Beanspruchung in statischen Ermüdungsversuchen ermittelt werden. Für eine erste statische Versuchsreihe an 27 Proben Nd0510E1 in destilliertem Wasser wurde ein Lastniveau von 700 MPa ausgewählt. Aus der Weibull-Verteilung ist ersichtlich, dass dies einer Ausfallswahrscheinlichkeit von ca. 20 % entspricht (*Abb. 4.24*).

Dieser Versuch zeigt mit 8 Spontanbrüchen, 15 Durchläufern und nur 4 Brüchen innerhalb der definierten maximalen Laufzeit von 280 h, dass das untersuchte Material sehr unempfindlich gegen unterkritisches Risswachstum ist (*Abb. 4.25*).

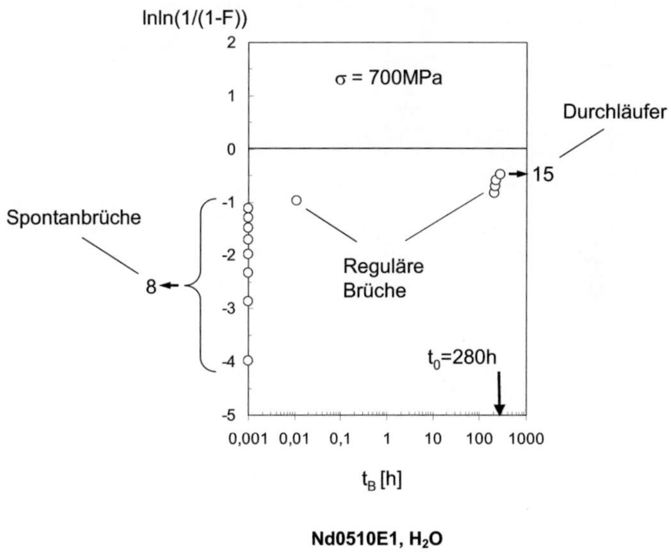

Abb. 4.25: *Lebensdauern von Nd0510E1 in destilliertem Wasser bei einem Lastniveau von 700 MPa.*

Eine Auswertung dieses Versuchs mit nur so wenigen regulären Brüchen ergäbe eine unzureichende Aussage über die Risswachstumsparameter. Um zusätzliche Informationen zum unterkritischen Risswachstum zu gewinnen, wurde daher eine spezielle Auswertemöglichkeit für Materialien mit einem extrem hohen Risswachstumsexponenten n entwickelt, bei der die Durchläufer auf höheren Lastniveaus erneut belastet werden können.

Aus der Definition des Spannungsintensitätsfaktors (Gl. 2.4) und des Potenzgesetzes für unterkritisches Risswachstum (Gl. 2.5) ergibt sich für beliebige zeitabhängige Spannungen $\sigma(t)$:

$$\int_0^{t_B} \sigma(t)^n \,\mathrm{d}t = B\sigma_\mathrm{c}^{n-2}[1-(\sigma_\mathrm{B}/\sigma_\mathrm{c})^{n-2}], \qquad \text{Gl. 4.1}$$

wie detailliert in [65] beschrieben. Der Materialparameter B fasst dabei bruchmechanische Daten zusammen:

$$B = \frac{2K_\mathrm{Ic}^2}{A * Y^2 (n-2)} \qquad \text{Gl. 4.2}$$

(mit $Y = 1{,}3$ für halbkreisförmige Oberflächenrisse).

Unter einer Belastung von $\sigma = \sigma_1$ werden einige Proben schon während der Lastaufbringung versagen. Andere werden brechen, bevor die maximale Laufzeit $t = t_0$ erreicht ist, was in einer regulären Lebensdauer t_B resultiert. Schließlich werden einige Proben die Laufzeit t_0 überleben und können als Durchläufer deklariert werden. Diese Proben können auf einem weiteren Lastniveau $\sigma_2 > \sigma_1$ erneut belastet werden, wobei die Lebensdauer aus der vorhergehenden Last σ_1 berücksichtigt wird. Während der Lasterhöhung können wiederum einige Proben sofort spontan brechen, andere wiederum regulär versagen oder durchlaufen. Diese neuartige, erweiterte Testmethode kann als „Lebensdaueruntersuchung unter stufenartiger Belastung“ bezeichnet werden (*Abb. 4.26*).

Das erste Lastniveau wird dabei mit σ_1 dargestellt, während die Zeit $t = t_0$ dem Zeitlimit für die Durchläufer, also der maximalen regulären Laufzeit entspricht.

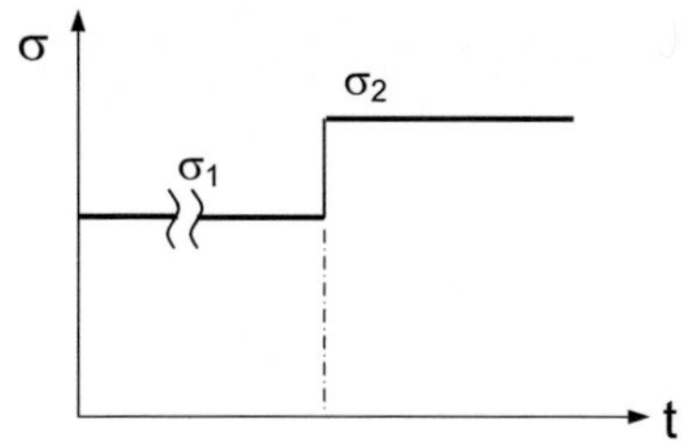

Abb. 4.26: *Schematische Darstellung der stufenartigen Belastung.*

Die Belastungshistorie für diesen Test (*Abb. 4.26*) ist demnach:

$$\sigma(t) = \begin{cases} \sigma_1 & \text{für } t \le t_0 \\ \sigma_2 & \text{für } t > t_0 \end{cases} \qquad \text{Gl. 4.3}$$

Einsetzen von Gl. 4.3 in Gl. 4.1 ergibt

$$\sigma_1^n t_B = B\sigma_c^{n-2}[1-(\sigma_1/\sigma_c)^{n-2}] \quad \textit{für} \quad t_B \le t_0 \qquad \text{Gl. 4.4}$$

und

$$\sigma_1^n t_0 + \sigma_2^n (t_B - t_0) = B\sigma_c^{n-2}[1-(\sigma_2/\sigma_c)^{n-2}] \quad \textit{für} \quad t_B > t_0 \qquad \text{Gl. 4.5}$$

Aus Gl. 4.4 und Gl. 4.5 können mit Gl. 4.2 die Parameter n und A^* z.B. durch die Methode der kleinsten Quadrate (least-squares procedure) bestimmt werden.
Voraussetzung für diese Auswertung ist, dass an der gleichen Anzahl Proben die Inertfestigkeitsmessung durchgeführt wird, um die Spannungsverteilung nach Weibull und somit die individuellen Werte $\sigma_{c,i}$ zu erhalten. Hierdurch können die individuell ermittelten Lebensdauern $t_{f,i}$ den Spannungen $\sigma_{c,i}$ zugeordnet werden.
Für beliebige Parameter A^* und n kann mit Hilfe von Gl. 4.6 und Gl. 4.7 für die untersuchten Proben eine Reihe von Lebensdauern errechnet werden:

$$t_{B,1,i} = B\sigma_{c,i}^{n-2}\,\sigma_1^{-n}[1-(\sigma_1/\sigma_{c,i})^{n-2}] \quad \text{für} \quad \sigma_B = \sigma_1 \qquad \text{Gl. 4.6}$$

$$t_{B,2,i} = B\sigma_{c,i}^{n-2}\,\sigma_2^{-n}[1-(\sigma_2/\sigma_{c,i})^{n-2}]-\left(\frac{\sigma_1}{\sigma_2}\right)^n t_0 \quad \text{für} \quad \sigma_B=\sigma_2 \qquad \text{Gl. 4.7}$$

Dabei ist $t_{B,2,i}$ in Gl. 4.7 die ausschließlich auf dem zweiten Lastniveau kumulierte Zeit $t_{B,2} = t_B - t_0$.
Wenn nach dem Test auf dem zweiten Lastniveau σ_2 eine ausreichend große Anzahl von Durchläufern zur Verfügung steht, kann das Verfahren auf einem weiteren Lastniveau $\sigma_3 > \sigma_2$ wiederholt werden (Gl. 4.8).

$$t_{B,3,i} = \sigma_{c,i}^{n-2}\,\sigma_3^{-n}[1-(\sigma_3/\sigma_{c,i})^{n-2}]-\left(\frac{\sigma_1}{\sigma_3}\right)^n t_0 - \left(\frac{\sigma_2}{\sigma_3}\right)^n t_0 \qquad \text{Gl. 4.8}$$

Dabei ist $t_{B,3,i}$ in Gl. 4.8 die ausschließlich auf dem dritten Lastniveau kumulierte Zeit.

Wie hier beschrieben, wurden die vielen Durchläufer Nd0510E1 auf einem höheren Niveau mit 800 MPa erneut belastet. Wiederum gab es Spontanbrüche (5), 4 Proben versagten innerhalb der regulären Laufzeit und 6 Biegestäbchen galten als Durchläufer (*Abb. 4.27 (a)*). Die Auswertung ergab für diese Materialvariante das Risswachstumsgesetz:

$$v = 0{,}0305 m/h \cdot \left[\frac{K_I}{K_{Ic}}\right]^{122{,}8}$$

Die α-reiche Sialon-Variante Nd1010E1 wurde nach der gleichen Technik aufgrund der höheren Inertfestigkeit zuerst bei 800 MPa untersucht. Die sich dabei ergebenden 13 Durchläufer wurden auf einer höheren Laststufe von 900 MPa erneut belastet (*Abb. 4.27 (b)*). Diese Versuchsreihe ergab:

$$v = 0{,}189 m/h \cdot \left[\frac{K_I}{K_{Ic}}\right]^{119{,}3}$$

Die v-K-Kurven für die beiden Materialvarianten unter destilliertem Wasser sind in *Abb. 4.28* als Potenzgesetz-Fit aufgetragen. Dabei zeigt die Variante Nd0510E1 eine etwas geringere unterkritische Risswachstumsgeschwindigkeit bei konstantem K/K_{Ic} im Vergleich zur α-Sialon-reichen Variante Nd1010E1.

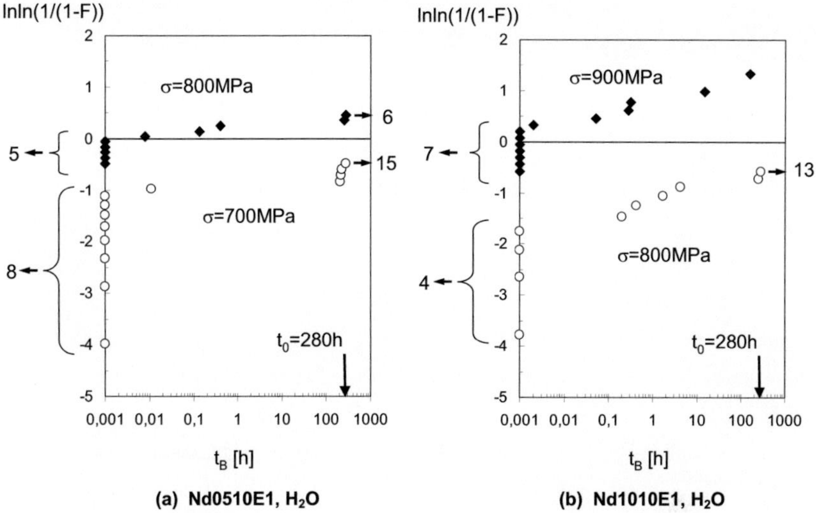

Abb. 4.27: *Lebensdauern von Nd0510E1 (a) und Nd1010E1 (b) in destilliertem Wasser mit Wiederbelastung der Durchläufer auf einem höheren Lastniveau.*

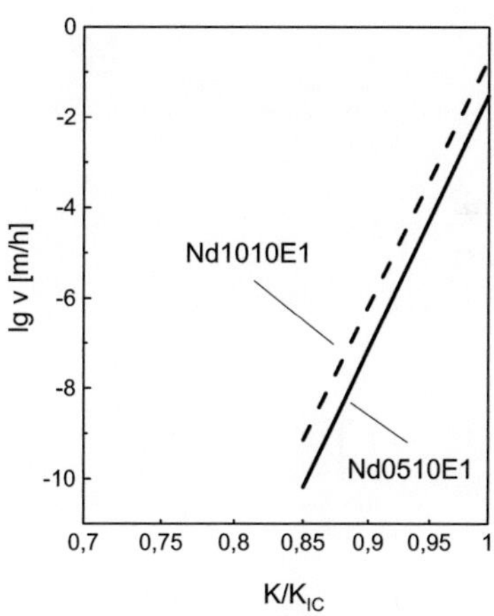

Abb. 4.28: *Vergleich der v-K-Kurven für die zwei in destilliertem Wasser untersuchten Sialon-Varianten Nd0510E1 und Nd1010E1.*

Um eine Aussage über das unterkritische Risswachstum in der Hochdruckpumpe unter Einsatz von Ottokraftstoff zu gewinnen, wurden an den zwei vorgestellten Sialon-Varianten weitere Versuchsreihen unter dem Ersatzkraftstoff Isooktan durchgeführt. Die Proben wurden nach der gleichen Methode bei einem ersten Lastniveau von 800 MPa und anschließend auf einem zweiten Lastniveau von 900 MPa belastet.

Beim gemischten α/β-Sialon gab es auf dem ersten Lastniveau 13 Spontanbrüche, 4 reguläre Brüche innerhalb der regulären Laufzeit von 280 h und 10 Durchläufer. Bei der zweiten Belastungsstufe versagten 3 Proben bereits bei der Lastaufbringung, eine Probe versagte innerhalb der definierten maximalen Laufzeit, während die 6 übrigen Proben als Durchläufer galten (*Abb. 4.29 (a)*).

Bei der α-Sialon-reichen Materialvariante versagten 5 Biegestäbchen spontan bei 800 MPa, 2 während der regulären Laufzeit und 15 überlebten die 280 h. Auf der zweiten Laststufe bei 900 MPa gab es einen Spontanbruch, 10 reguläre Brüche und 4 Durchläufer (*Abb. 4.29 (b)*).

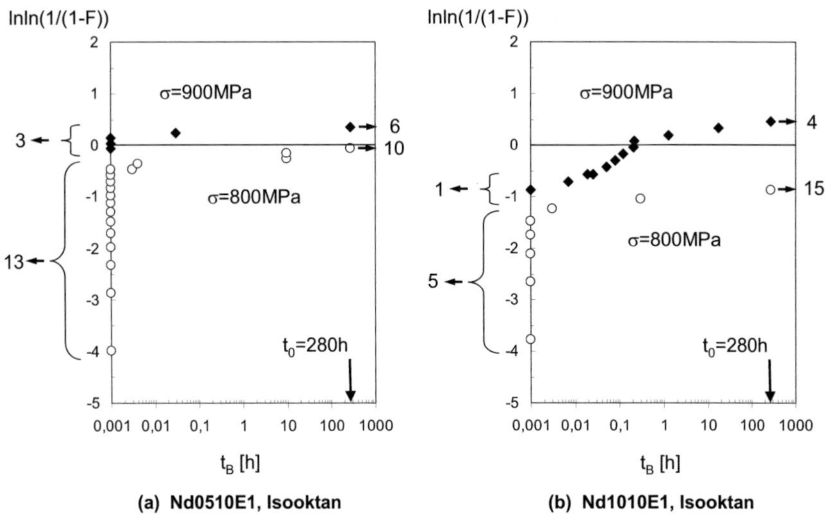

Abb. 4.29: *Lebensdauern von α/β-Sialon (a) und α-reichem Sialon (b) in Isooktan mit Wiederbelastung der Durchläufer auf einem höheren Lastniveau.*

Die Auswertung beider Lastniveaus ergab für α/β-Sialon das Risswachstumsgesetz

$$v = 0{,}0008 m/h \cdot \left[\frac{K_I}{K_{Ic}}\right]^{111{,}7}$$

und für die α-Sialon -reiche Variante

$$v = 0{,}00045 m/h \cdot \left[\frac{K_I}{K_{Ic}}\right]^{97}$$

Abb. 4.30 zeigt die v-K-Kurven für die beiden Materialvarianten unter Isooktan als Potenzgesetz-Fit aufgetragen. Zum Vergleich sind die Kurven der Untersuchungen unter destilliertem Wasser, wie oben beschrieben, eingezeichnet. Aus dieser Darstellung ist ersichtlich, dass diese Materialien unter Isooktan eine noch geringere Risswachstumsgeschwindigkeit aufweisen als in destilliertem Wasser (über Faktor 10), obwohl der Risswachstumsexponent in diesem Fall etwas kleiner ist.

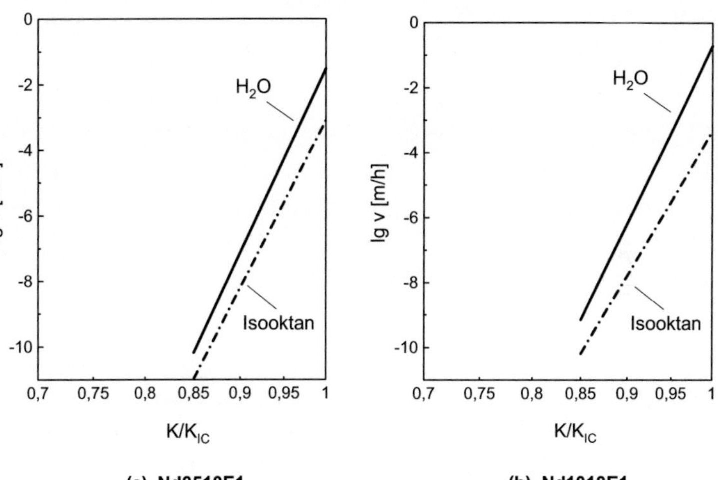

Abb. 4.30: *Vergleich der v-K-Kurven für Wasser bzw. Isooktan von α/β-Sialon (a) und α-reichem Sialon (b).*

4.3 Härtesteigerung

Um den Verschleiß tribologisch beanspruchter Funktionsflächen niedrig zu halten und gleichzeitig ein belastbares Bauteil zu erhalten, ist es ein vielversprechender Ansatz, einen im Inneren relativ zähen Keramikkörper mit einer nach außen zunehmend härteren Randschicht zu versehen. Dieses Ziel wurde zum einen durch die Technik des Kationenaustauschs sowie durch eine Erhöhung des α-Sialon-Anteils an der Oberfläche verfolgt.
Eine weitere Möglichkeit der Härtesteigerung und Erhöhung der Verschleißfestigkeit bietet die Einlagerung des Hartstoffes SiC in die Sialon Matrix.

4.3.1 Randschichthärtung durch Kationenaustausch

Bei der Behandlung von Sialon-Keramiken in einer Salzschmelze wurde die Möglichkeit untersucht, diese an der Oberfläche zu härten. Das Prinzip des Kationenaustauschs ist im Bereich der Glashärtung seit Jahren Stand der Technik [124] und wurde bereits von Holzer an Sialonen erfolgreich durchgeführt. Im Rahmen dieser Arbeit sollte dieses Prinzip systematisch untersucht und die Mechanismen, die zur Randschichthärtung führen, bestimmt werden.
Als Salz wurde in dieser Arbeit Kaliumnitrat ausgewählt, da es einen niedrigen Schmelzpunkt von 334 °C hat und das K^+-Kation mit 1,33 Å einen deutlich größeren Ionenradius aufweist als das Element Neodym, welches der Sialonkeramik als Sinterhilfsstoff beigefügt wurde. Als Material kamen die gemischte α/β-Sialon-Variante Nd0510E1 und das α-reiche Nd1010E1 zum Einsatz. Die polierten Proben wurden bis zu 16 Stunden in der Salzschmelze behandelt, nach der Haltezeit entnommen und nach dem Abkühlen im Wasserbad von anhaftendem Salz befreit. Anschließende REM-Untersuchungen im Sekundärelektronenmodus zeigten, dass bei einer Temperatur der Salzschmelze von 400 °C noch keine Reaktion zu beobachten war. Bei einer Behandlungstemperatur von 600 °C fand eine sichtbare Veränderung der Oberfläche statt und es wurden vor allem die stängelförmigen β-Sialon-Körner leicht angegriffen (*Abb. 4.31*). Bei 800 °C war die Oberfläche der Proben milchig weiß, war stark angegriffen und porös. Aus diesem Grund

wurde auf detaillierte Versuchsreihen bei 400 bzw. 800 °C verzichtet und die Behandlungstemperatur von 600 °C näher untersucht. Bei dieser Temperatur wurde die Verweilzeit der Proben in der Salzschmelze variiert. Diese betrug 1, 2, 4, 8 und 16 Stunden. Röntgenographische Analysen wurden an den behandelten Proben durchgeführt, um zu klären, ob Kalium-Ionen in die Sialon-Struktur eingebaut werden. In *Abb. 4.32* sind die Diffraktogramme der Sialon-Proben Nd1010E1 für den unbehandelten Zustand sowie für Haltezeiten von 4, 8 und 16 Stunden aufgetragen. Im Rahmen der Nachweisgrenze ist aus diesen Messungen nicht zu erkennen, ob sich die Lage der Peaks verändert, also eine Veränderung der Gitterkonstanten aufgrund des Ionenaustauschs stattgefunden hat. Die Intensität der α-Sialon-Peaks nimmt dabei mit zunehmender Verweilzeit bei 600 °C in der Salzschmelze etwas ab, während sich die β-Sialon-Peaks unverändert zeigen.

Das Phänomen eines temperaturabhängigen Phasengleichgewichts zwischen den zwei Phasen ist bei dieser Untersuchung zweitrangig und wird in Abschnitt 4.3.2 näher untersucht.

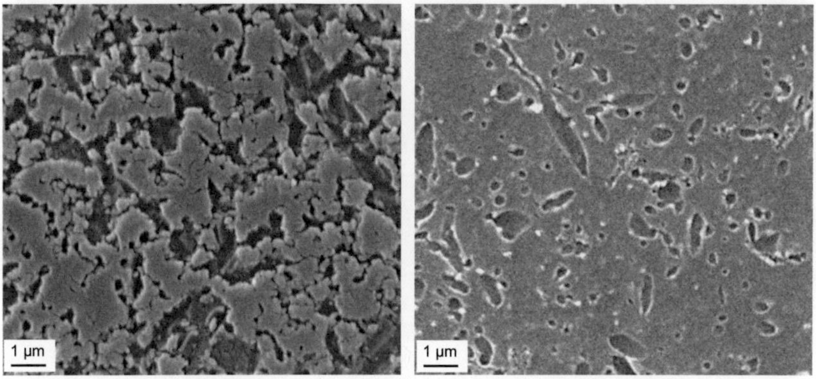

(a) Nd0510E1 (b) Nd1010E1

Abb. 4.31: *REM-Aufnahmen von gemischtem α/β-Sialon (a) und α-reichem Sialon (b) nach 8h Behandlung in der Salzschmelze bei 600 °C.*

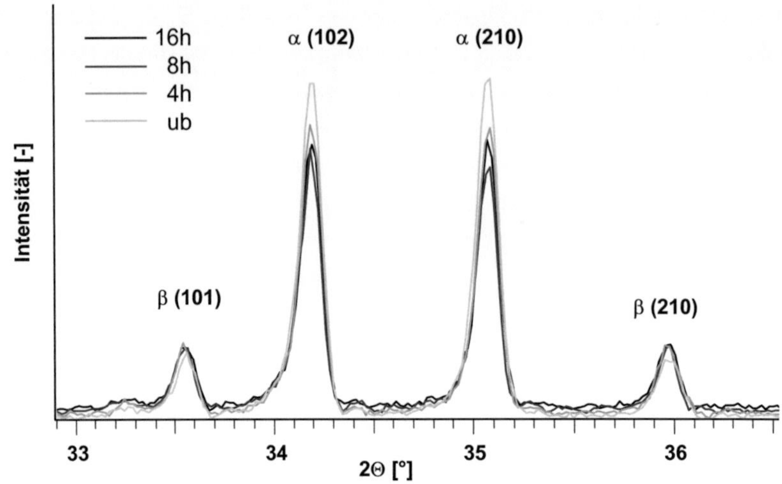

Abb. 4.32: *Diffraktogramme der unbehandelten (ub) bzw. 4, 8, und 16 Stunden behandelten Sialon Proben der Zusammensetzung Nd1010E1.*

Analytische TEM-Untersuchungen wurden an Körnern, Tripelpunkten und Korngrenzenphase durchgeführt, mit dem Ziel aufzuschlüsseln, ob und wo Kalium-Ionen vorrangig eingebaut werden. Es konnte dabei im Rahmen der Nachweisgrenze weder in den Körnern noch in den untersuchten Tripelpunkten Kalium detektiert werden.

Kalium konnte allerdings in einer Korngrenze nachgewiesen werden, die annähernd parallel zum Elektronenstrahl ausgerichtet war (*Abb. 4.33 (a)*). Mit dem Pfeil markiert erkennt man die Korngrenze, in der Kalium nachgewiesen werden konnte. Das angrenzende α-Sialon-Korn wurde analysiert, wobei sich kein Kalium nachweisen ließ (*Abb. 4.33 (b)*).

Um eine Aussage über die Eigenschaften der neuen Oberfläche zu gewinnen, wurde die Härte nach dem Vickers-Eindruckverfahren bestimmt. Die Oberfläche der behandelten Proben war etwas angegriffen, so dass eine präzise Bestimmung der Härte mit der Eindruckmethode nicht möglich war. Aus diesem Grund wurde die Probe etwas angeschliffen und poliert, ohne die Reaktionsschicht vollständig zu entfernen.

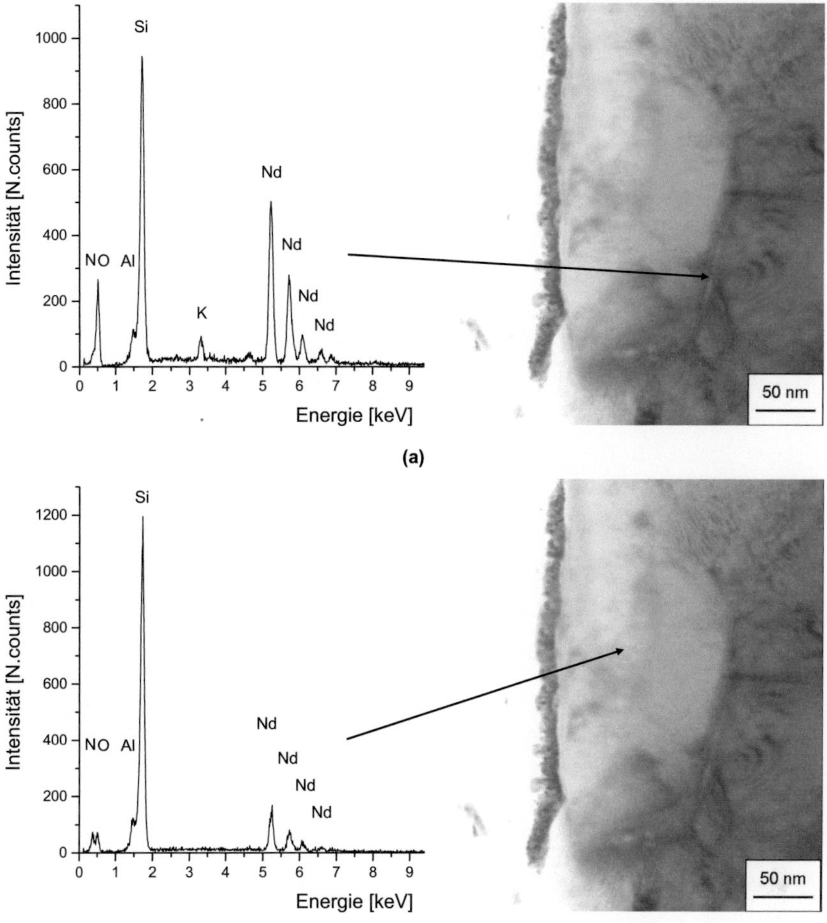

Abb. 4.33: *TEM-Aufnahme mit dazugehöriger EDX-Analyse an einem Korngrenzenfilm (a) und einem α-Sialon-Korn (b) der Probe Nd0510E1 nach 8 h Haltezeit in der Salzschmelze.*

Die beim Härteeindruck aufgebrachte Last wurde mit HV1 recht niedrig gewählt, um die Tiefe der erfassten Randschicht gering zu halten. Es zeigte sich bei beiden Materialvarianten eine Zunahme der Härte bis zu einer Verweilzeit von 8 Stunden um ca. 150 HV1, entsprechend 5 bis 8 %

Steigerung gegenüber dem Ausgangszustand. Die Verlängerung der Verweilzeit bis 16 Stunden zeigte keine zusätzliche Verbesserung (*Abb. 4.34*).

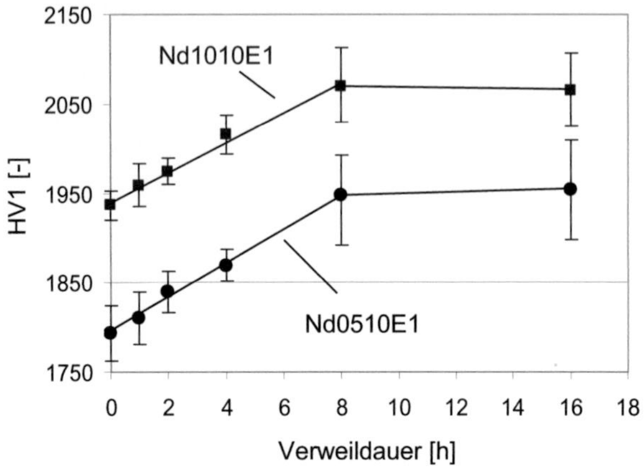

Abb. 4.34: *Vickers-Härte HV1 von Nd0510E1 bzw. Nd1010E1 in Abhängigkeit der Verweildauer in der Salzschmelze.*

4.3.2 α ↔ β-Umwandlung

Es war beabsichtigt, gesinterte Proben einer Wärmebehandlung zu unterziehen und dabei an der Oberfläche eine Verschiebung der Phasengleichgewichte hin zu höheren α-Sialon-Gehalten zu erreichen. Als Ausgangsmaterial wurde das gemischte α/β-Sialon Nd0410E1 ausgewählt, dessen α-Sialon-Anteil bei ca. 40 % liegt. Die zuvor polierten Proben wurden eine Stunde lang bei einer Temperatur von 1700 bzw. 1, 2 und 4 h bei 1800 °C wärmebehandelt. Diese Behandlung erfolgte unter Stickstoffatmosphäre bei einem Druck von 10 MPa. Nach der einstündigen thermischen Behandlung bei 1700 °C wirkt die zuvor polierte Oberfläche sehr rau (*Abb. 4.35 (a)*). Insbesondere fallen große helle globulare bzw. zylindrische Körner auf, die sich auf der Oberfläche gebildet haben. Zusätzlich sind whiskerartige Fäden zu erkennen. Anhand der durchgeführten EDX-Analyse konnte nachgewiesen werden, dass einige der bei 1700 °C festgestellten hellen Körner aus Aluminium und Stickstoff bestehen, andere wiederum hauptsächlich aus Silicium und Stickstoff. Damit scheinen die runden weißen Körner der 21R AlN-Polytyp zu sein, die länglichen dagegen durch die Behandlung gewachsene β-Sialon-Körner.

Abb. 4.35 (b) zeigt die Probenoberfläche nach einstündiger Behandlung bei 1800 °C, die ebenfalls sehr grob und angegriffen erscheint. Die großen hellen Körner und Whisker sind hier allerdings nicht erkennbar. Wird die Haltezeit bei dieser Temperatur auf zwei Stunden verlängert, sind Hohlräume in der Oberfläche feststellbar und vereinzelte großgewachsene Körner zu sehen (*Abb. 4.35 (c)*), die bei vierstündiger Behandlungsdauer zunehmen (*Abb. 4.35 (d)*).

Abb. 4.35: *Gefüge-Aufnahmen von Nd0410E1 für unterschiedliche Wärmebehandlungstemperaturen und Haltezeiten.*

Anschließende röntgenographische Analysen wiesen bei einer Behandlungstemperatur von 1700 °C eine vollständige Auslöschung der α-Sialon- und ein Wachstum der β-Sialon-Peaks auf, wie in *Abb. 4.36* dargestellt. Die einstündige Wärmebehandlung bei 1800 °C zeigte dagegen eine deutliche Zunahme der α-Sialon-Intensität bei gleichzeitiger Abnahme der β-Sialon-Peaks.

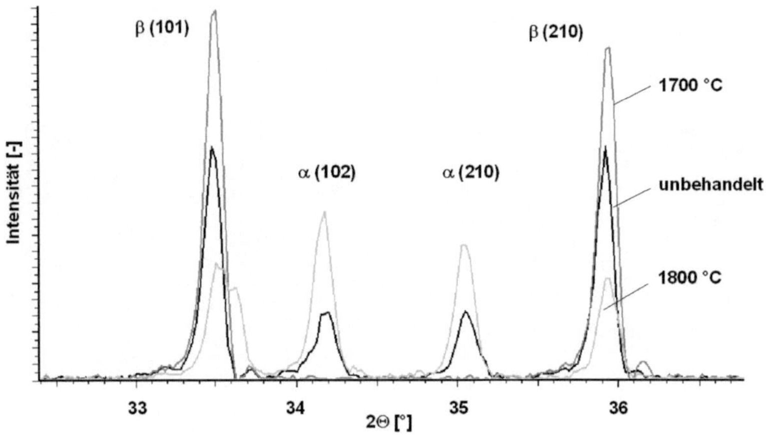

Abb. 4.36: *Auszug aus Röntgendiffraktogrammen für die Zusammensetzung Nd0410E1 bei unterschiedlichen Wärmebehandlungstemperaturen.*

In *Abb. 4.37 (a)* sind die α-Sialon-Anteile im unbehandelten Zustand (ub) sowie nach einstündiger Wärmebehandlung bei 1700 und 1800 °C dargestellt. Ausgehend von einem α-Sialon-Anteil von 40 % bewirkt die Wärmebehandlung bei 1700 °C, dass diese Phase an der Oberfläche komplett verschwindet. Die Wärmebehandlung bei 1800 °C zeigte dagegen eine deutliche Zunahme des α-Sialon-Anteils auf ca. 70 %. Die behandelten Proben wurden anschließend zersägt und der Probenkern ebenfalls röntgenographisch erfasst. Dabei zeigte sich, dass im Inneren der Probe, etwa 1 mm unter der Oberfläche, das α/β-Sialon-Verhältnis trotz Wärmebehandlung nahezu unverändert bleibt. Die Oberfläche der wärmebehandelten Proben war, wie bereits erwähnt, etwas angegriffen, so dass eine präzise Bestimmung der Härte mit der Eindruckmethode nicht möglich war. Aus diesem Grund wurde die Probe etwas angeschliffen und poliert, ohne die Reaktionsschicht komplett zu entfernen. Die anschließende Härtemessung ergab eine deutliche Veränderung gegenüber dem nicht wärmebehandelten Ausgangsmaterial (*Abb. 4.37 (b)*). An der Oberfläche zeigte sich, wie zu erwarten, ein Zusammenhang zwischen dem α/β-Sialon-Verhältnis und der Härte. Die bei 1700 °C behandelte Probe zeigte eine Härte von ca. 1500 HV10, was der typischen Härte des β-Sialons entspricht. Bei 1800 °C zeigte die Probe mit etwa 1900 HV10 eine um über 100 HV10 höhere Härte im Vergleich zum Ausgangszustand. Im Inneren der wärmebehandelten Proben lag die Härte, wie aus den röntgenographischen Untersuchungen zu erwarten, auf dem Niveau des unbehandelten Zustands.

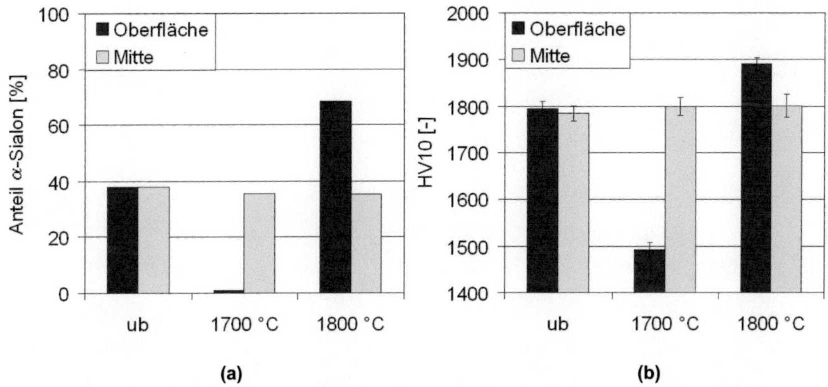

Abb. 4.37: *Anteil an α-Sialon (a) und Härte HV10 (b) der Materialvariante Nd0410E1 für unterschiedliche Behandlungszustände an der Oberfläche bzw. Mitte der Probe.*

Eine Verlängerung der Haltezeit bei 1800 °C bewirkte nach vierstündiger Behandlungszeit eine leichte Zunahme des α-Sialon-Anteils auf ca. 80 %. Eine zweistündige Wärmebehandlung führte dagegen zu keiner messbaren Steigerung im Vergleich zum einstündigen Versuch (*Abb. 4.38 (a)*). Der Anteil an α-Sialon im Inneren der Probe nimmt dagegen leicht ab und beträgt nach vierstündiger Behandlung 32 %. Die Härte bleibt im Inneren auf einem konstanten Niveau um 1800 HV10, während die Oberfläche eine leichte Zunahme bis auf 1915 HV10 aufweist (*Abb. 4.38 (b)*).

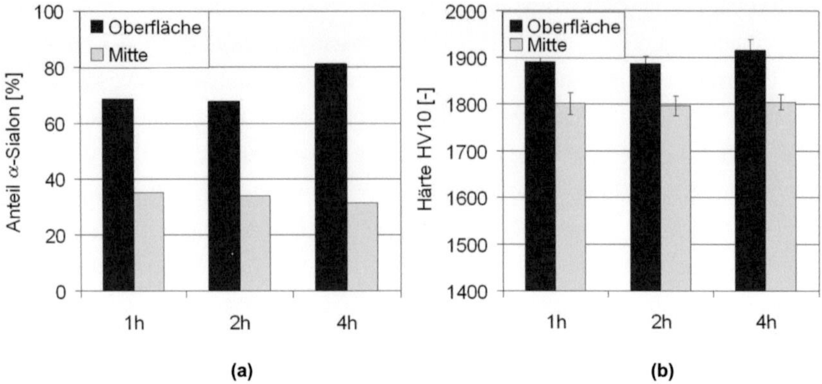

Abb. 4.38: *Anteil an α-Sialon (a) bzw. Härte HV10 (b) von Materialvariante Nd0410E1 für unterschiedliche Haltezeiten bei 1800 °C an der Oberfläche bzw. Mitte der Probe.*

Eine weitere Versuchsreihe wurde an der mittels FAST hergestellten Variante Nd0510E10 durchgeführt. Auch bei diesem Material betrugen die Behandlungstemperaturen 1700 bzw. 1800 °C und die Haltezeit eine Stunde. Im unbehandelten Zustand liegt der Anteil an α-Phase bei 73 % und der Anteil an β-Phase folglich bei 27 %.

(a) Nd0510E10_1700 °C **(b) Nd0510E10_1800 °C**

Abb. 4.39: *Gefüge-Aufnahmen von Nd0510E10 für unterschiedliche Wärmebehandlungstemperaturen.*

Auch bei dieser Materialvariante wirkt nach der einstündigen thermischen Behandlung bei 1700 °C die Oberfläche sehr rau (*Abb. 4.39 (a)*) und ist mit bis zu 5 µm großen Körnern bedeckt. Diese konnten mittels EDX-Analyse eindeutig als AlN-Polytypen identifiziert werden. Nach der Behandlung bei 1800 °C erscheint die Oberfläche ebenfalls stark angegriffen, die großen hellen Körner sind allerdings nicht erkennbar (*Abb. 4.39 (b)*). Röntgenographische Analysen (*Abb. 4.40*) zeigen, dass eine Behandlung bei 1700 °C sowohl die α-Sialon- als auch die β-Sialon-Peaks des Reflexes (210) deutlich reduziert. Die stark ausgeprägten Peaks bei 29° und 31,2° deuten auf die Bildung von Melilith (M') hin. Die Wärmebehandlung bei 1800 °C zeigte dagegen eine deutliche Zunahme der α-Sialon-Intensität bei gleichzeitiger Abnahme der β-Sialon-Peaks. Die bei 1700 °C sehr deutlich ausgeprägte Phase Melilith nimmt bei 1800 °C stark ab, ist aber in geringerer Konzentration noch vorhanden. Die Intensitätsverhältnisse der charakteristischen Peaks für α- und β-Sialon erscheinen nach den Wärmebehandlungen deutlich homogener als im unbehandelten Zustand.

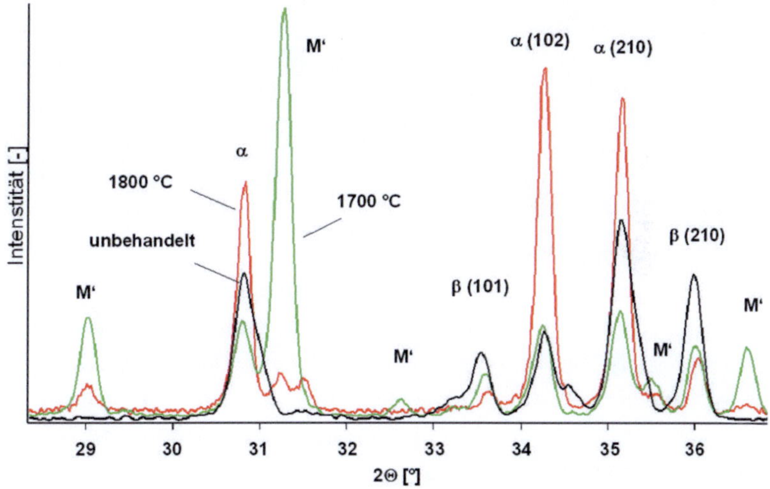

Abb. 4.40: *Auszug aus Röntgendiffraktogrammen für die Zusammensetzung Nd0510E10 bei unterschiedlichen Wärmebehandlungstemperaturen.*

In *Abb. 4.41 (a)* ist der α-Sialon-Anteil an der Oberfläche für unterschiedliche Behandlungszustände dargestellt. Mit 80 %-igem Anteil an α-Phase liegt das Verhältnis bei 1700 °C etwas höher als im unbehandelten Zustand. Mit 95 % nach der Behandlung bei 1800 °C ist er, wie erwartet, etwas angestiegen. Die Härte an der Oberfläche nimmt dabei mit zunehmender Wärmebehandlungstemperatur bei 1700 °C zunächst etwas ab, steigt dann aber bei 1800 °C bis auf fast 1990 HV10 an (*Abb. 4.41 (b)*).

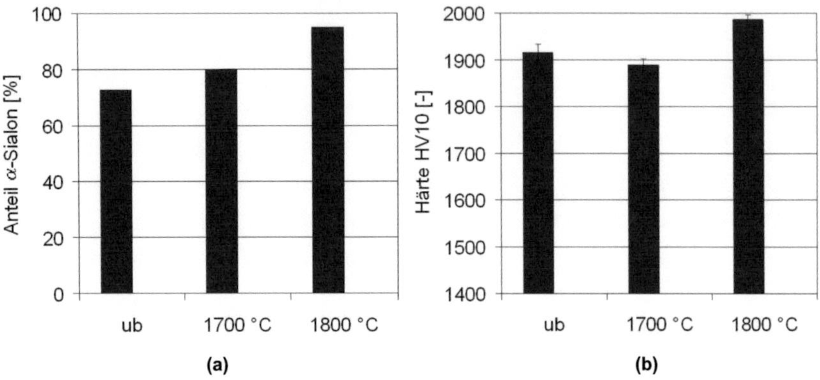

Abb. 4.41: *Anteil an α-Sialon (a) bzw. Härte HV10 (b) der Materialvariante Nd0510E10 für unterschiedliche Behandlungszustände an der Oberfläche der Probe.*

4.3.3 SiC-Einlagerung

Eine weitere Möglichkeit, die Härte bzw. den E-Modul eines Materials zu steigern, ist die Einlagerung von Hartstoffpartikeln. Wie *Abb. 4.42* verdeutlicht, steigt der E-Modul der Sialon-SiC-Verbunde mit zunehmendem SiC-Gehalt stetig an. Härtemessungen an den polierten Proben zeigten ebenfalls einen annähernd linearen Anstieg der Vickershärte mit zunehmendem SiC-Gehalt bis hin zu Werten von knapp 2100 HV10 bei einem SiC-Anteil von 50 Vol.-% (*Abb. 4.43 (a)*).

Auch ohne den Zusatz von SiC wird für das nach dem FAST-Prozess hergestellte Sialon Nd0510E10 eine um ca. 120 HV10 höhere Härte im Vergleich zum HIP-Sialon gleicher Zusammensetzung erreicht.

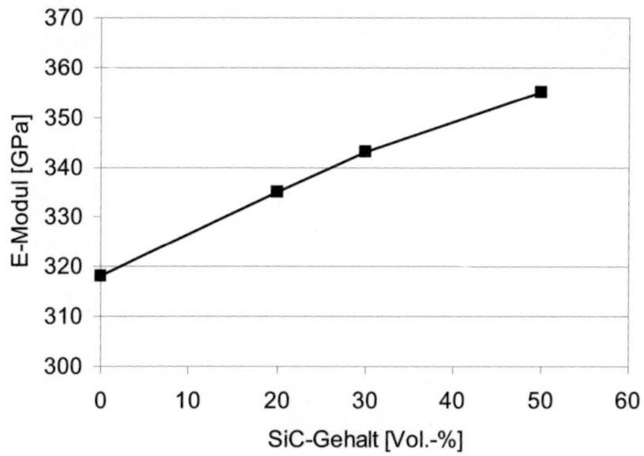

Abb. 4.42: *Elastizitätsmodul der Sialon-SiC-Verbunde mit unterschiedlichem SiC-Gehalt.*

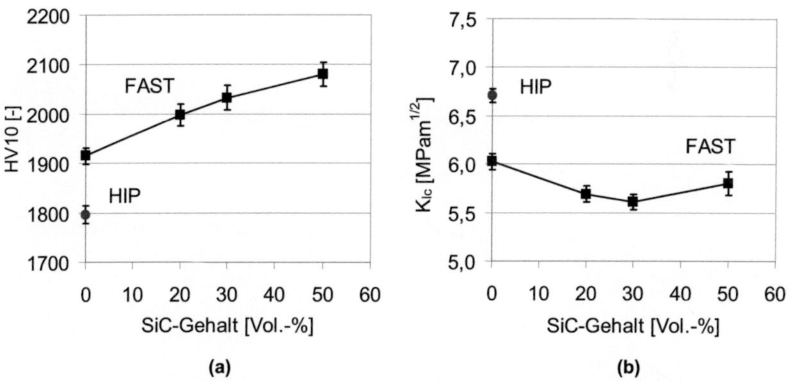

Abb. 4.43: *Härte HV10 (a) und Bruchzähigkeit K_{Ic} (b) in Abhängigkeit des SiC-Gehalts. Zum Vergleich ist jeweils der Wert für die mittels HIP hergestellte Sialon-Probe eingetragen.*

Die Gründe sind zum einen das sehr feinkörnige Gefüge, zum anderen der etwas höhere Anteil an harter α-Sialon-Phase.

Die nach der Indentermethode gemessene Bruchzähigkeit lag dagegen schon für das reine FAST-Sialon deutlich unterhalb der Werte der heißisostatisch gepressten Variante. Für die Sialon-SiC-Verbunde nahm K_{Ic} mit steigendem Partikelgehalt bis zu einem SiC-Anteil von 30 Vol.-% ab und stieg dann für die Variante mit 50 Vol.-% wieder leicht an (*Abb. 4.43 (b)*).

4.4 Tribologische Eigenschaften

Die Modelluntersuchungen zur Charakterisierung des Reibungs- und Verschleißverhaltens der Sialone und Sialon-SiC-Verbunde erfolgten im reversierenden, Isooktan geschmierten Gleitkontakt gepaart mit Si_3N_4-Kugeln. Das tribologische System wurde so ausgelegt, dass eine gute Vergleichbarkeit mit der Zielanwendung Hochdruckpumpe erreicht wird. Die Zielvorgaben sind hier niedriger Reibkoeffizient und geringer Verschleiß. Dafür wurden die Reibungskraft und der lineare Verschleißbetrag W_l kontinuierlich aufgezeichnet und nach Versuchsende mit Hilfe eines taktilen Profilometers die Verschleißbeträge bestimmt. Die im Folgenden angegebenen Versuchsergebnisse stellen Mittelwerte aus jeweils mindestens zwei gleichartigen Versuchsläufen, der Fehlerbalken die Standardabweichung dar. Die Versuchsbedingungen sind in *Abb. 4.44* kurz zusammengefasst.

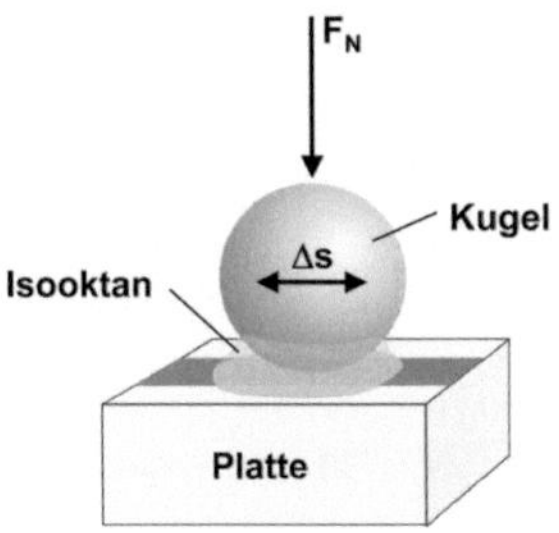

Normalkraft F_N	25 N
Frequenz f	20 Hz
Hub Δs	2,5 mm
Gleitweg s	360 m
Temperatur T	RT (20 - 25 °C)
Umgebungsmedium	Isooktan (Tauchschmierung)
Grundkörper	Platte: Sialon poliert, geschliffen, plasmageätzt, Sialon-SiC poliert
Gegenkörper	Kugel, ∅10 mm: Si_3N_4 poliert

Abb. 4.44: *Tribologisches Modellsystem und Versuchsparameter für die Untersuchungen unter reversierender Gleitbeanspruchung.*

4.4.1 Grundmaterial

Als Referenzmaterial wurde das mittels HIP hergestellte gemischte α/β-Sialon Nd0510E1 in poliertem bzw. feingeschliffenem Zustand (D25) untersucht. Weiterhin wurden Untersuchungen an Materialvariante Nd0510E10, die mittels heißisostatischem Pressen bei 1830 °C bzw. field assisted sintering technique bei 1700 °C hergestellt wurde, durchgeführt. *Abb. 4.45 (a)* zeigt die Reibungszahl für Nd0510E1 im polierten und feingeschliffenen Zustand über den Gleitweg aufgetragen. Im quasistationären Zustand, der sich hier nach ca.

200 m Gleitweg einstellt, schwankt die Reibungszahl für beide Proben zwischen 0,15 und 0,18, wobei keine großen Reibungszahlüberhöhungen auftreten. In *Abb. 4.45 (b)* ist die Reibungszahl in Abhängigkeit vom zurückgelegten Gleitweg für die mit polierten Oberflächen untersuchten Gleitpaarungen der Materialvariante Nd0510E10 dargestellt. Die höchste Reibungszahl wurde für die Paarung der heißisostatisch gepressten Sialon-Variante ermittelt. Im quasistationären Zustand schwankt die Reibungszahl im Bereich zwischen 0,18 und 0,25, wobei vereinzelt auch kurzzeitige Reibungsüberhöhungen bis zu fast $\mu = 0,3$ auftreten. Die Paarung des FAST-Sialons weist bis ca. 200 m Gleitweg eine recht niedrige und weniger schwankende Reibungszahl zwischen 0,16 und 0,18 auf. Bei höheren Gleitwegen steigen die Reibungszahl sowie die Fluktuation in der Reibungszahl etwas an.

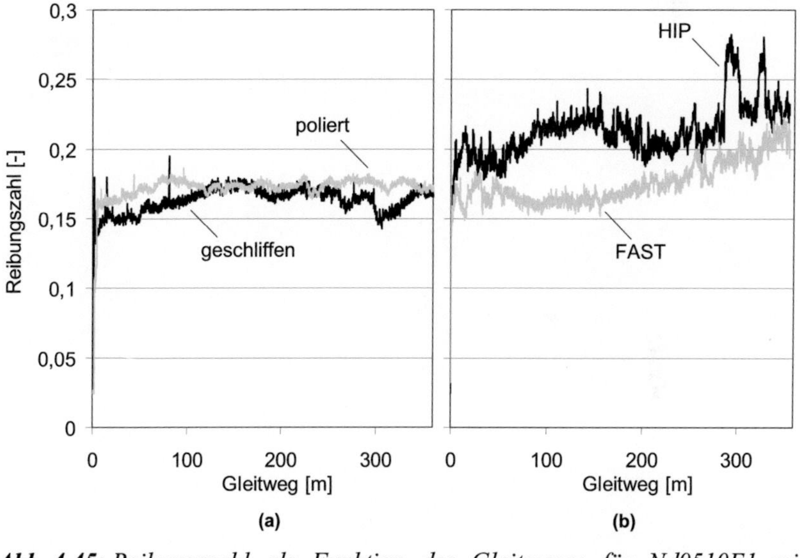

Abb. 4.45: *Reibungszahl als Funktion des Gleitweges für Nd0510E1 mit unterschiedlichen Oberflächenzuständen (a) und Nd0510E10 mittels HIP bzw. FAST hergestellt in poliertem Zustand (b).*

In *Abb. 4.46* sind die gemittelten quasistationären Reibungszahlen für den Gleitweg von 200 bis 360 m der unterschiedlichen Sialon-Varianten dargestellt. Diese liegen für Nd0510E1 bei 0,17 im polierten bzw. 0,16 im geschliffenen Oberflächenzustand. Bei der sinteradditivreichen Variante Nd0510E10 liegt dagegen die quasistationäre Reibungszahl bei 0,23 für die konventionell heißisostatisch gepresste Probe und bei 0,19 für die mittels FAST verdichtete Variante.

Bei allen untersuchten Gleitpaarungen liegt der lineare Verschleißbetrag der Platten nach einem Gleitweg von 360 m bei Werten von maximal 1 µm (*Abb. 4.47*). Den geringsten Verschleiß weisen die Platten der Variante Nd0510E1 mit polierter Oberfläche und das feldunterstützt gesinterte Nd0510E10 mit etwa 0,25 µm auf. Der Verschleiß an der als Gegenkörper eingesetzten Si_3N_4-Kugel liegt im Allgemeinen auf einem etwas höheren Niveau zwischen 1,0 und 2,5 µm. Auffallend ist, dass dessen Betrag bei der heißisostatisch gepressten Variante Nd0510E10 bei fast 8 µm liegt. Damit ergibt sich für diese Variante der höchste Gesamtverschleiß von ca. 9 µm.

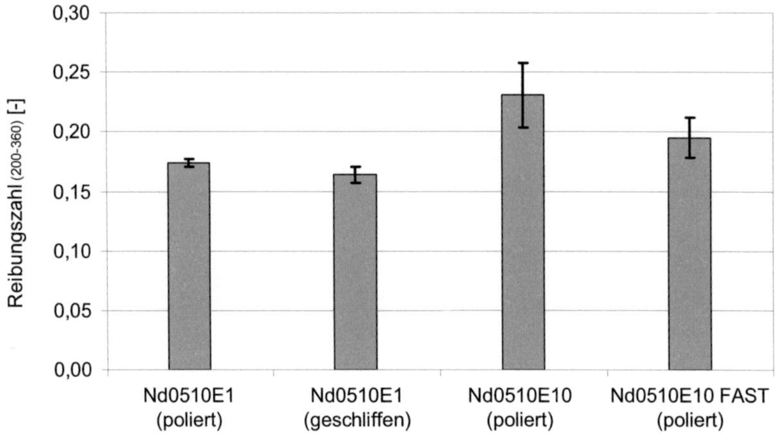

Abb. 4.46: *Quasistationäre Reibungszahl für Nd0510E1 mit unterschiedlichen Oberflächenzuständen bzw. für unterschiedlich hergestelltes Nd0510E10 in poliertem Zustand.*

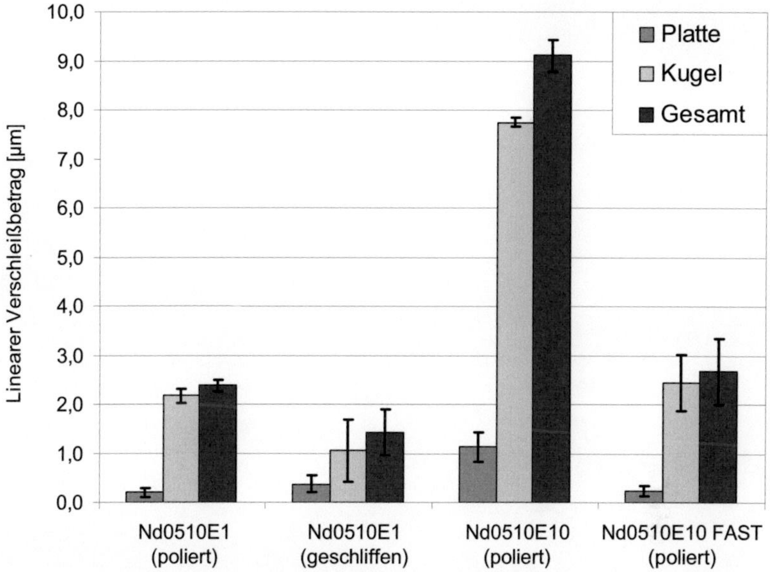

Abb. 4.47: *Linearer Verschleißbetrag* W_l** der Gleitpaarungen unterschiedlicher Sialon-Varianten mit polierten bzw. geschliffenen Oberflächen nach einem Gleitweg von 360 m.*

Rasterelektronenmikroskopische Aufnahmen der beanspruchten Plattenoberflächen nach einem Gleitweg von 360 m sind in *Abb. 4.48* dargestellt. Die Oberfläche der Sialon-Platte Nd0510E1 zeigt im polierten Zustand auf der Gleitfläche kompaktierte Verschleißpartikel in der Größenordnung von 1-2 µm (*Abb. 4.48 (a)*). Im geschliffenen Zustand sind auch nach der tribologischen Beanspruchung noch deutliche Schleifriefen zu erkennen. Diese verlaufen etwa in einem 45°-Winkel zur Gleitrichtung. Deren Spitzen wurden dabei stark durch den Gegenkörper abgetragen und erscheinen abgeflacht (*Abb. 4.48 (b)*). Bei der heißisostatisch gepressten Materialvariante Nd0510E10 weist die Platte einen starken Materialübertrag des Gegenkörpers auf und ist außerdem durch eine starke Furchung in Gleitrichtung gekennzeichnet (*Abb. 4.48 (c)*). Die Oberfläche der FAST-Sialon-Platte weist dagegen nur eine sehr feine Furchung auf und ist mit einer Vielzahl von losen, teils auch kompaktierten, sehr feinen Verschleißpartikeln des Gegenkörpers belegt. (*Abb. 4.48 (d)*).

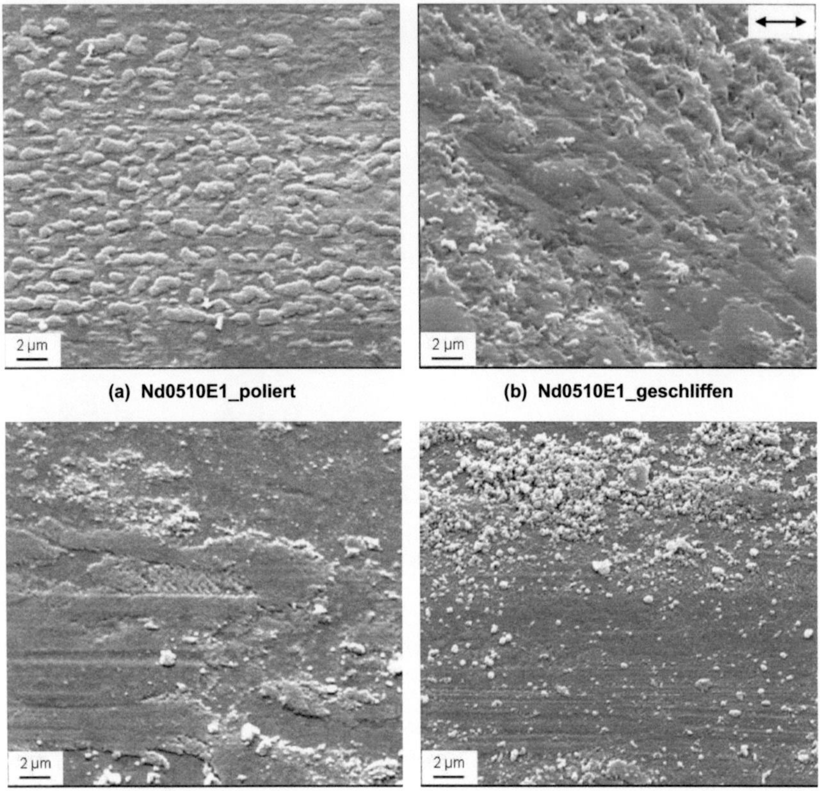

(a) Nd0510E1_poliert (b) Nd0510E1_geschliffen

(c) Nd0510E10_HIP (d) Nd0510E10_FAST

Abb. 4.48: *REM-Aufnahmen von beanspruchten Plattenoberflächen nach einem Gleitweg von 360 m.*

4.4.2 Sialon-SiC-Verbunde

Die tribologischen Untersuchungen an den Sialon-SiC-Verbunden wurden an den Varianten mit 20, 30 und 50 Vol.-% SiC (d_{50} = 0,3 µm) durchgeführt. Deren Herstellung erfolgte mit Hilfe der feldunterstützten Sintertechnik bei Temperaturen von 1700 (20 und 30 Vol.-% SiC) bzw. 1800 °C (50 Vol.-% SiC). Eine zusätzliche Sialon-SiC-Variante wurde nach diesem Verfahren mit 30 Vol.-% grobkörnigem SiC (d_{50} = 22 µm) hergestellt. Die Probekörper für die tribologischen Untersuchungen wurden anschließend geschliffen und mit Diamantsuspensionen der Körnungen 15, 9, 6 und 1 µm poliert.

In *Abb. 4.49* ist die Reibungszahl in Abhängigkeit vom zurückgelegten Gleitweg für die untersuchten Gleitpaarungen dargestellt. Als Referenz ist weiterhin die Kurve für das reine Sialon Nd0510E10 aufgetragen, welches die Grundzusammensetzung der Sialon-SiC-Verbunde darstellt. Schon bei einem SiC-Gehalt von 20 Vol.-% ist eine Reduktion der Reibungszahl zu erkennen. Mit zunehmendem SiC-Anteil kann dabei eine Abnahme der quasistationären Reibungszahl von Werten um 0,17 (20 Vol.-% SiC) auf Werte um 0,14 (30 und 50 Vol.-% SiC) (*Abb. 4.49 (b)*) beobachtet werden. Der Sialon-SiC-Verbund mit grobkörnigen SiC-Partikeln zeigt die höchste Reibungszahl mit einem Peak von 0,23, bevor sich diese auf einen Wert von ca. 0,2 einpendelt.

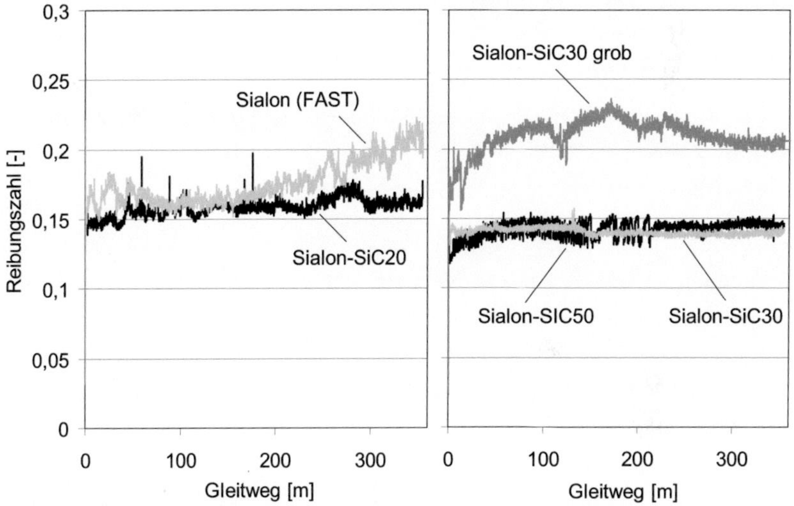

Abb. 4.49: *Reibungszahl als Funktion des Gleitweges für die mittels FAST hergestellten Proben mit unterschiedlichen SiC-Gehalten.*

Die Sialon-SiC-Verbunde zeichnen sich außerdem, im Gegensatz zu der ebenfalls mittels FAST hergestellten reinen Sialon-Variante, durch einen ruhigeren Verlauf der Reibungszahl aus. Bei allen untersuchten Gleitpaarungen lag der Verschleiß der Platten nach einem Gleitweg von 360 m bei Werten unterhalb von 2 µm (*Abb. 4.50*).

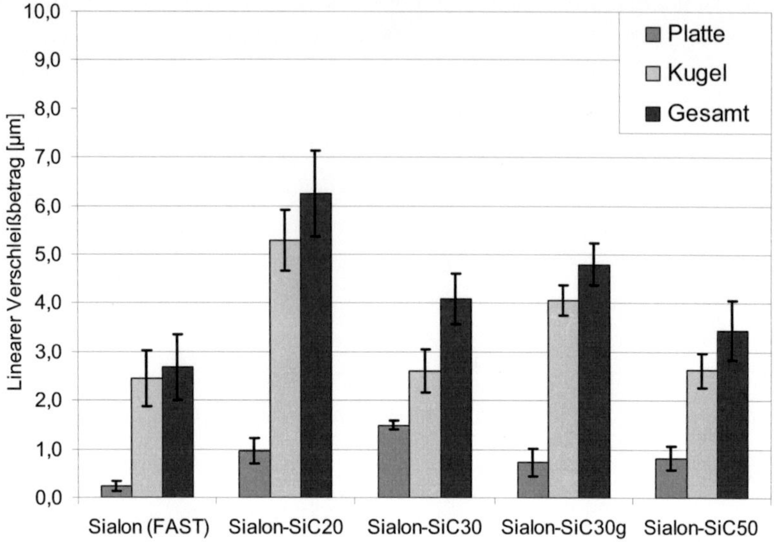

Abb. 4.50: *Linearer Verschleißbetrag W_l* der Gleitpaarungen für die mittels FAST hergestellten Proben mit unterschiedlichen SiC-Gehalten nach einem Gleitweg von 360 m.*

Den geringsten Verschleiß bei den Verbunden wiesen mit etwa 0,8 µm die Variante mit 30 Vol.-% grobkörnigem SiC sowie die Probe mit 50 Vol.-% SiC auf. Bei dieser Paarung wurde mit ca. 2,5 µm auch der niedrigste Verschleiß an der als Gegenkörper eingesetzten Si_3N_4-Kugel ermittelt. Dieser ist bei der Variante mit 20 Vol.-% SiC mit über 5 µm auffallend hoch. Das reine Sialon zeigt beim linearen Verschleißbetrag leichte Vorteile im Gegensatz zu den Sialon-SiC-Verbunden.

Rasterelektronenmikroskopische Aufnahmen der beanspruchten Plattenoberflächen nach einem Gleitweg von 360 m (*Abb. 4.51*) zeigen, dass die Sialon-SiC Proben mit feinkörnigen SiC-Partikeln kaum Furchung aufweisen. Die Oberflächen der Varianten mit 20 und 30 Vol.-% SiC sind teilweise von losen, seltener auch kompaktierten Verschleißpartikeln des Gegenkörpers belegt (*Abb. 4.51* (*a*), (*b*)). Dabei erscheint die Oberfläche des Sialon-SiC-Verbundes mit 50 Vol.-% SiC nach Versuchsende nahezu wie poliert und die Mikrostruktur der Keramik ist zu erkennen (*Abb. 4.51* (*d*)). Im

Gegensatz dazu zeigt die Oberfläche der Variante mit grobkörnigen SiC-Partikeln eine lokal stark beschädigte Oberfläche in der Sialon-Matrix an der Grenze zu den SiC-Körnern. Dabei handelt es sich vermutlich um die Regionen mit hohem Anteil an Glasphase wie bereits in Abschnitt 4.1.3 anhand *Abb. 4.15* gezeigt.

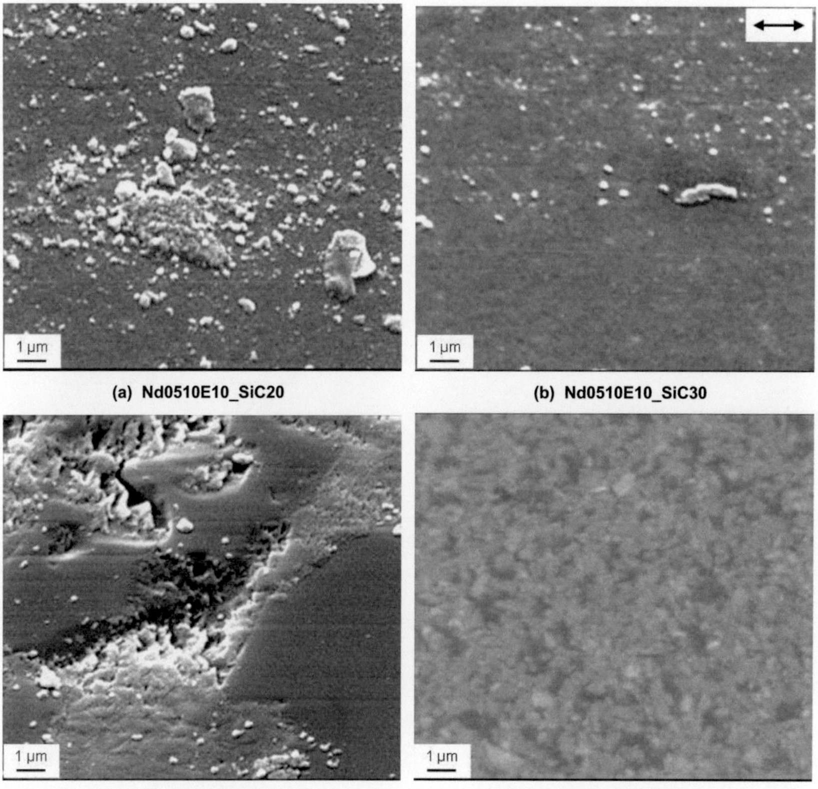

Abb. 4.51: *REM-Aufnahmen von beanspruchten Plattenoberflächen nach einem Gleitweg von 360 m.*

4.4.3 Oberflächenstrukturierung durch Plasmaätzen

Durch eine Plasmaätzbehandlung von Proben, die beide Sialon-Modifikationen enthalten, konnte in deren Oberfläche ein Höhenrelief erzeugt werden. Dabei wurde beobachtet, dass die nadelförmige β-Phase bevorzugt angegriffen und herausgelöst wird, wodurch sich Mulden bilden, die als Schmiertaschen genutzt werden können. Die α-Phase besitzt eine höhere Resistenz gegen den Ätzangriff und bildet den verbleibenden Traganteil. Unterschiedliche Traganteile können durch Variation des α/β-Mengenverhältnisses und der Ätzparameter einfach realisiert werden. Dazu wurden die in Abschnitt 4.1.2 beschriebenen fünf Sialon-Varianten mit unterschiedlichem α/β-Sialon-Verhältnis herangezogen.

Deren röntgenographisch ermittelten Phasenverhältnisse sind in *Abb. 4.52* zusammengefasst.

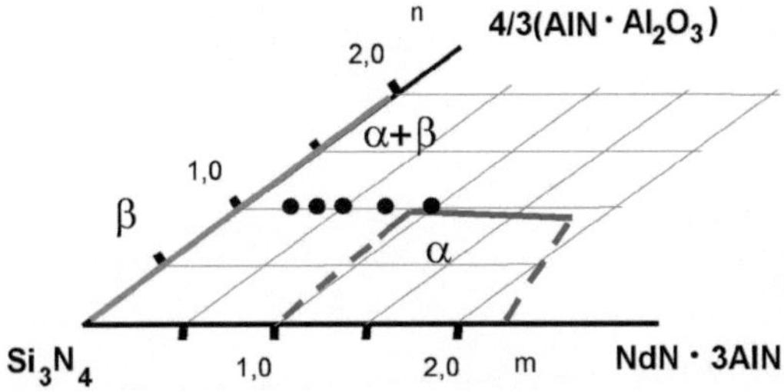

m	n	α/β-Sialon
0,3	1,0	20/80
0,4	1,0	40/60
0,5	1,0	55/45
0,7	1,0	70/30
1,0	1,0	88/12

Abb. 4.52: *Schematische Darstellung der Sialon-Ebene mit der Lage der Ausgangs-zusammensetzungen und α/β-Verhältnis der verwendeten Proben.*

Zunächst wurde an polierten Sialon-Proben der Variante Nd0510E1 mit einem α/β-Verhältnis von 55/45 die Ätzdauer variiert. Diese wurde mit 2, 5, 10, 20 sowie 40 Minuten gewählt, alle anderen Ätzparameter und auch das Verhältnis CF_4/O_2 wurde bei 2:1 konstant gehalten. Die so behandelten Proben wurden anschließend im REM und am Rasterkraftmikroskop (AFM) im Kontaktmodus charakterisiert. Aus den mikroskopischen Aufnahmen (*Abb. 4.53*) ist zu erkennen, dass sich schon nach zweiminütiger Ätzdauer eine erste leichte Abtragung der Oberfläche zeigt, die bei 10 Minuten in echte Löcher übergeht. Eine Verlängerung der Ätzdauer bis zu 40 Minuten zeigt optisch kaum eine Zunahme der Abtragung.

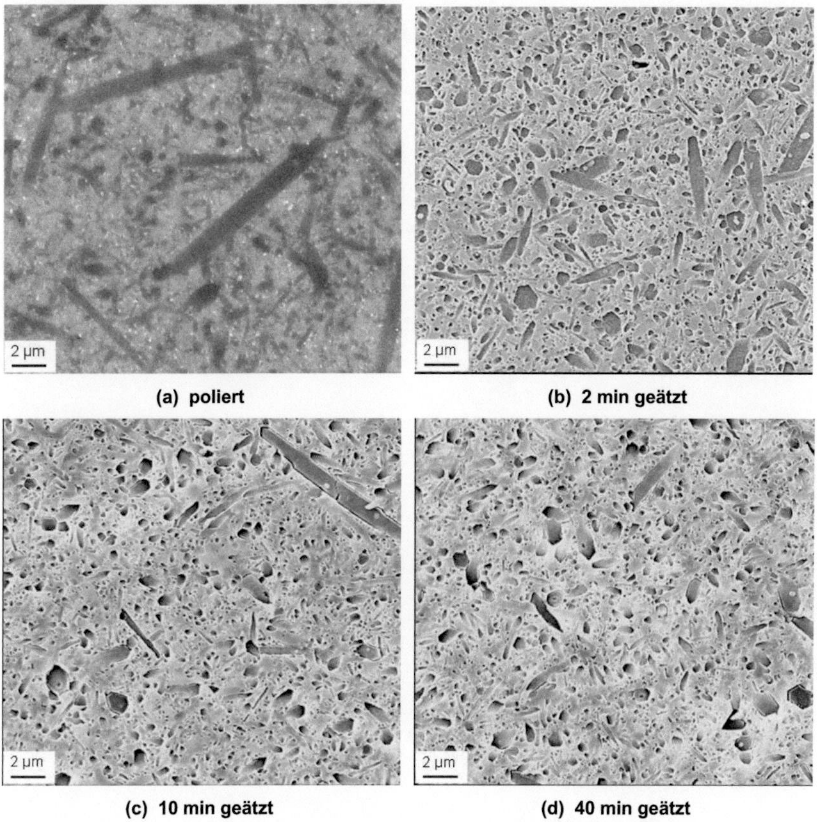

Abb. 4.53: *REM Aufnahmen einer Sialon-Probe mit α/β-Verhältnis 55/45 im polierten Zustand (a) und nach unterschiedlichen Ätzdauern ((b),(c),(d)).*

Anhand rasterkraftmikroskopischer Analysen (AFM) konnten Aussagen über die Oberflächentopografie der plasmageätzten Proben gewonnen werden. *Abb. 4.54 (a)* zeigt die Oberfläche einer polierten Probe vor der Ätzbehandlung. Aus diesen 3D-Ansichten vor und nach 2, 10 bzw. 40 min Ätzdauer kann deutlich der Effekt der Plasmaätzbehandlung erkannt werden. Auch in dieser Darstellung erscheint die Oberfläche bereits nach 2 Minuten leicht angegriffen, nach 10 Minuten Ätzdauer zeigen sich die Lücken deutlich tiefer und die Oberfläche zerklüfteter. Ein ähnliches Bild ist bei 40-minütiger

Behandlung sichtbar. Dabei sind sowohl rundliche Löcher als auch längliche Lücken zu erkennen (*Abb. 4.54*).

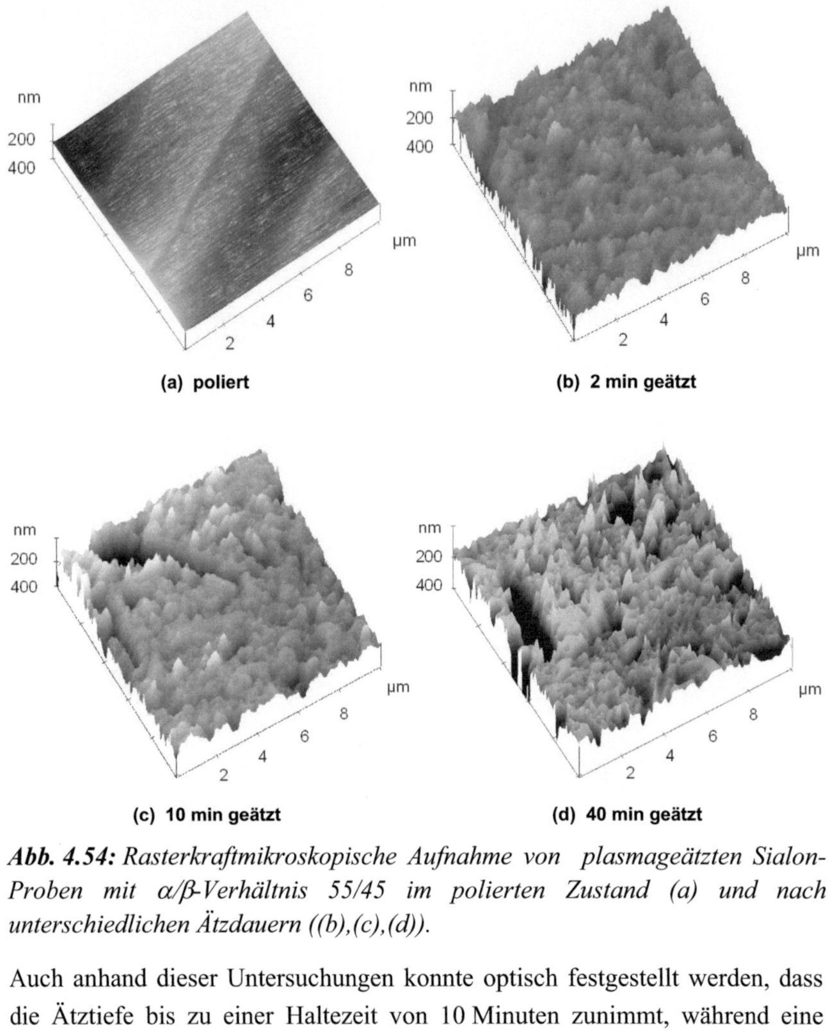

Abb. 4.54: *Rasterkraftmikroskopische Aufnahme von plasmageätzten Sialon-Proben mit α/β-Verhältnis 55/45 im polierten Zustand (a) und nach unterschiedlichen Ätzdauern ((b),(c),(d)).*

Auch anhand dieser Untersuchungen konnte optisch festgestellt werden, dass die Ätztiefe bis zu einer Haltezeit von 10 Minuten zunimmt, während eine längere Ätzdauer die Abtragung nicht weiter steigert. Durch die Auswertung der AFM-Daten konnten die Traganteilkurven (Abbott-Kurve) für die fünf Proben bestimmt und verglichen werden (*Abb. 4.56*). Diese erhält man durch Auftragung des Traganteils über die Ätztiefe.

Der Traganteil für eine Oberfläche ist als Anteil der Auflagefläche zu der betrachteten Gesamtfläche, bei einem Schnitt in einer festgelegten Tiefe definiert, wie in *Abb. 4.55* schematisch dargestellt. Dabei stellen die schwarzen Abschnitte der Schnittlinien die tragende Oberfläche dar.

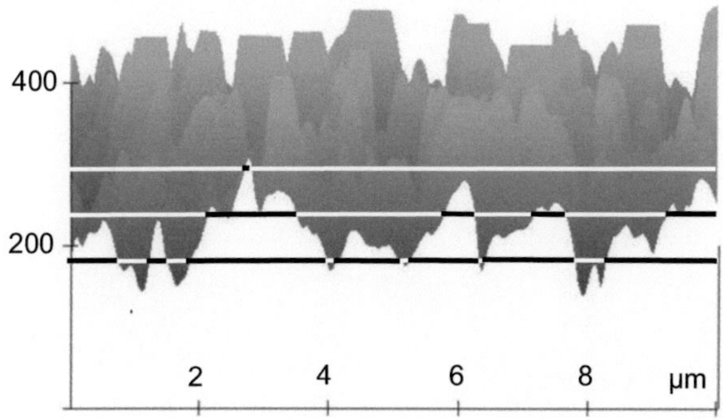

Abb. 4.55: *Schematische Darstellung der Auswertung des Traganteils in unterschiedlichen Ätztiefen zum Erhalten der Abbott-Kurve.*

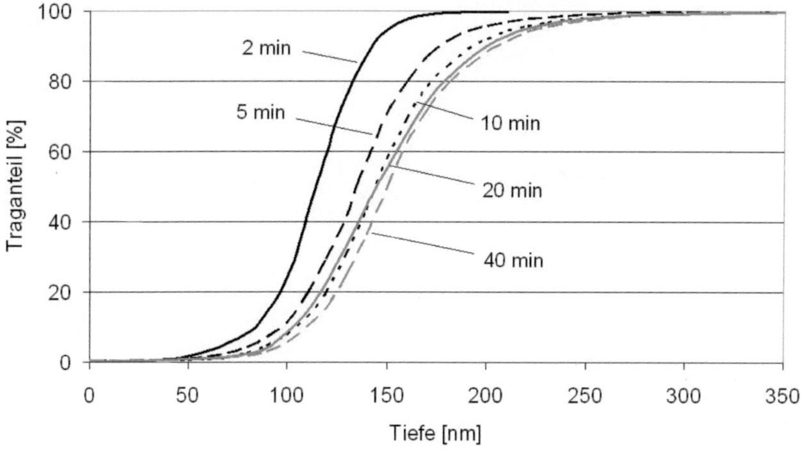

Abb. 4.56: *Abbott-Kurve von plasmageätzten Sialon-Proben mit α/β-Verhältnis 55/45 nach 2, 5, 10, 20 und 40 min Ätzdauer.*

Die so erhaltenen Kurven bestätigen den optischen Eindruck aus REM- und AFM-Aufnahmen. Nach 10 Minuten ist eine maximale Ätztiefe von ca. 300 nm erreicht und kann durch eine längere Ätzdauer nicht weiter erhöht werden. Eine zweite Versuchsreihe wurde anschließend bei konstanter Ätzdauer t = 10 min an den 5 unterschiedlichen Sialon-Varianten durchgeführt. *Abb. 4.57 (a)* zeigt die REM-Aufnahme der α-Sialon-reichen Probe Nd1010E1 mit entsprechend weniger Lücken. Im Gegensatz dazu ist ihr die β-reiche Probe Nd0310E1 mit rund 80 % β-Sialon-Anteil gegenübergestellt. Deren Oberfläche erscheint stark abgetragen und zerklüftet (*Abb. 4.57 (b)*). Noch deutlicher werden die Ergebnisse, wenn die AFM-Aufnahmen dieser beiden Materialvarianten betrachtet werden (*Abb. 4.57 (c), (d)*).

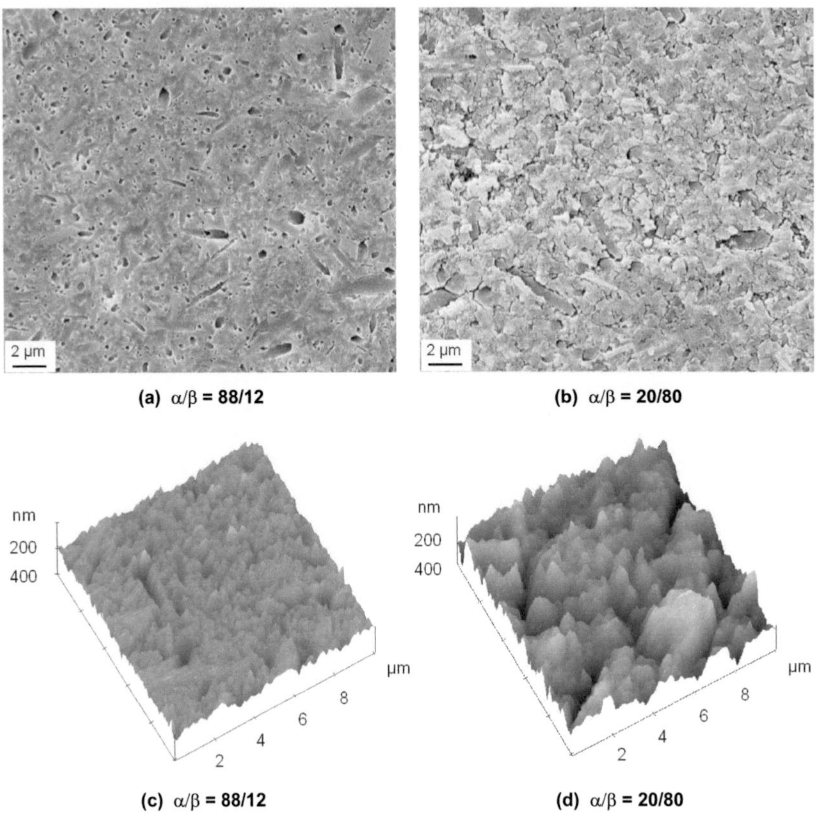

Abb. 4.57: *REM- bzw. AFM-Aufnahmen von Sialon-Proben mit unterschiedlichen α/β-Verhältnissen nach 10-minütiger Ätzdauer.*

Daraus lässt sich schließen, dass mit zunehmendem β-Sialon-Anteil wie erwartet die Anzahl an Löchern steigt. Die aus den AFM-Daten ermittelten Traganteile für die fünf Proben sind in *Abb. 4.58* über die Tiefe aufgetragen. Die Auswertung zeigt, wie erwartet, eine Zunahme der Schmiertaschen und Abnahme des Traganteils bei konstanter Tiefe mit steigendem β-Anteil. Die Morphologie der erzeugten Vertiefungen zeigt dabei eine Tiefe zwischen ca. 150 nm bei der α-reichen Variante und fast 500 nm für das β-reiche Sialon. Die laterale Abmessung der Taschen liegt zwischen einigen 100 nm und maximal 4-5 µm je nach Orientierung der β-Körner. Wird bei einer willkürlichen Ätztiefe von z.B. 150 nm der Traganteil ausgewertet, zeigt sich bei der α-reichsten Variante ein Traganteil von ca. 95 %, gefolgt von dem Material mit einem α/β-Sialon-Verhältnis von 70/30 mit einem Traganteil von 70 %. Bei der ausgewogenen Variante Nd0510E1 stimmt ebenfalls der Traganteil mit dessen α-Sialon-Anteil von 55 % überein. Die Varianten mit 60 bzw. 80 % β-Sialon liegen bei einem Traganteil von lediglich knapp 20 %.

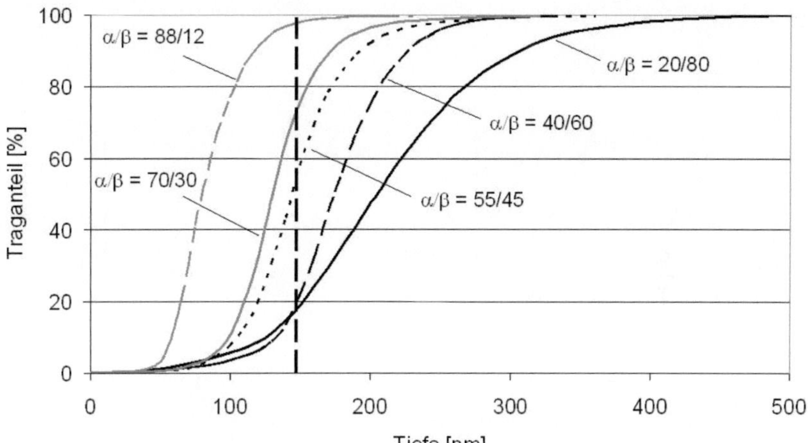

Abb. 4.58: *Abbott-Kurve von plasmageätzten Sialon-Proben mit unterschiedlichen α/β-Verhältnissen nach 10 min Ätzdauer.*

In diesem Beitrag wurde zuerst aufgezeigt, wie solche Oberflächen behandelt und charakterisiert werden können. Anschließend wurden tribologische

Versuche an den plasmageätzten sowie an polierten bzw. geschliffenen Sialonproben durchgeführt.

Zunächst wurden die Sialon-Proben Nd0510E1 mit einem α/β-Verhältnis von 55/45, an denen die Ätzdauer variiert wurde, untersucht. Im plasmageätzten Zustand zeigen diese Proben tendenziell geringere Reibungszahlen von ca. 0,12 auf im Vergleich zu 0,18 für die polierten Referenzoberfläche (*Abb. 4.59*). An den Proben, die 2 bzw. 5 min plasmageätzt wurden, ist ein Abfall der Reibungszahl bis unter 0,1 innerhalb der ersten 100 m Gleitweg festzustellen. Danach steigt diese langsam wieder an und pendelt sich bei 0,12 bzw. 0,14 ein. Die 10 Minuten geätzte Probe liegt ebenfalls im Bereich von 0,14, während die Proben, die 20 bzw. 40 min im Plasma behandelt wurden, Reibungszahlen leicht unter 0,12 aufweisen.

Der lineare Verschleißbetrag der Platten nach einem Gleitweg von 360 m nimmt mit zunehmender Ätzdauer zu, bleibt aber bei allen untersuchten Gleitpaarungen auf einem sehr geringen Niveau, weit unter einem Mikrometer (*Abb. 4.60*).

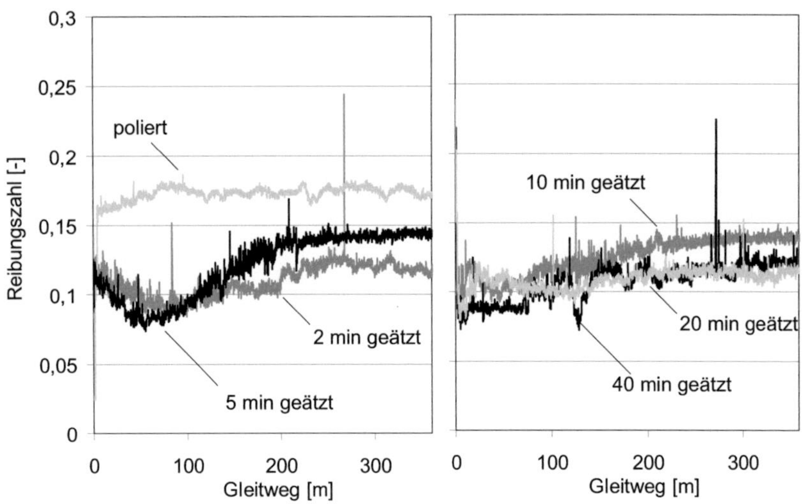

Abb. 4.59: *Reibungszahl als Funktion des Gleitweges für Nd0510E1 nach unterschiedlichen Ätzdauern im Vergleich zur polierten Oberfläche.*

Den geringsten Verschleiß zeigt mit etwa 0,2 µm die Platte, die einer zweiminütigen Plasmaätzbehandlung unterzogen wurde. Der Verschleiß an der als Gegenkörper eingesetzten Si_3N_4-Kugel liegt auf einem etwas höheren Niveau zwischen 1,4 und 2,3 µm.

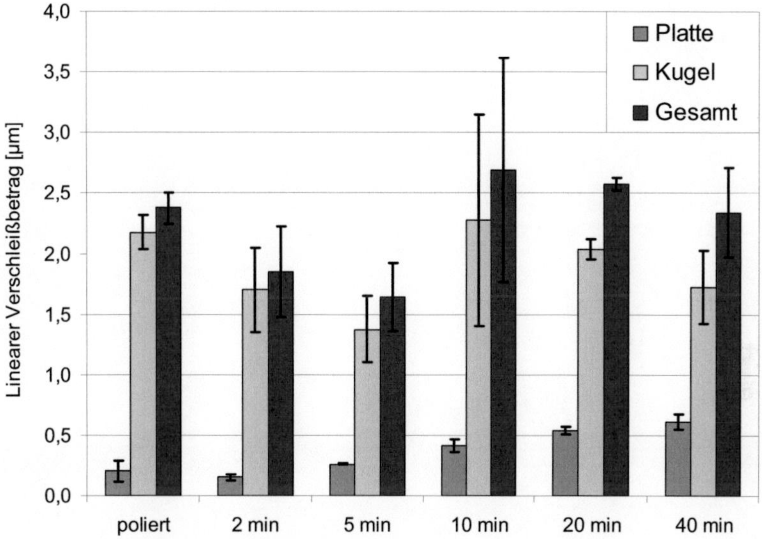

Abb. 4.60: *Linearer Verschleißbetrag W_l* der Gleitpaarungen nach einem Gleitweg von 360 m für das Sialon mit α/β-Verhältnis 55/45 nach unterschiedlichen Ätzdauern.*

REM-Aufnahmen an den Laufflächen der geätzten Sialon-Proben nach erfolgter tribologischer Beanspruchung zeigen, dass die Strukturierung zum Teil noch vorhanden ist (*Abb. 4.61*). Die Lücken erscheinen umso größer und tiefer, je länger die Plasmaätzbehandlung war. Bei den 2 bzw. 5 min im Plasma behandelten Proben ist die Strukturierung weitestgehend abgetragen worden. Bei keiner Variante ist eine nennenswerte Furchung der Plattenoberfläche zu erkennen, während leichter Materialübertrag des Gegenkörpers auf die Sialon-Platte an manchen Stellen festzustellen ist. Ebenfalls zeigen sich auf der Gleitfläche Stellen mit losen Verschleißpartikeln.

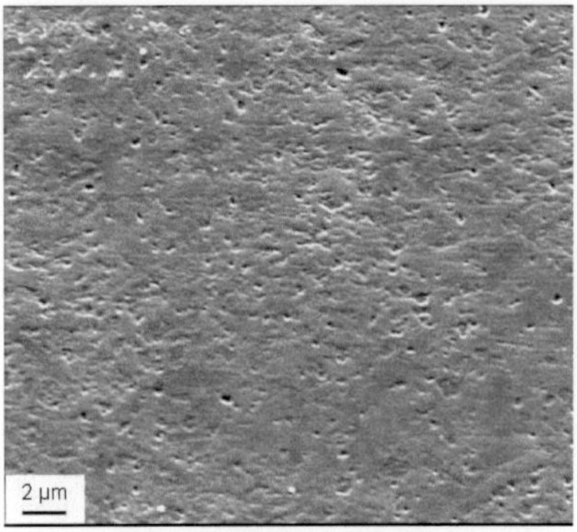

(a) Nd0510E1_2min

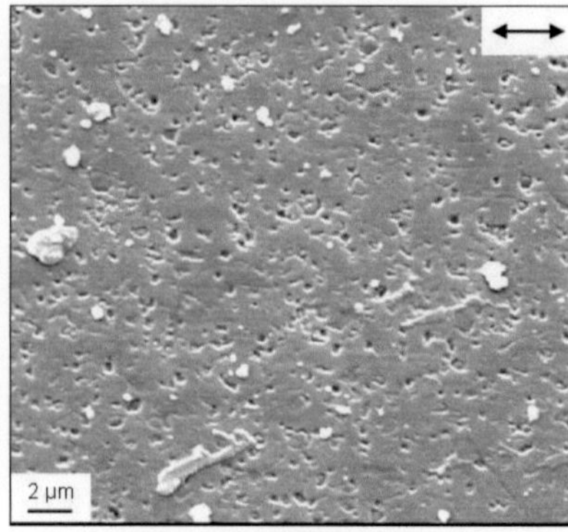

(b) Nd0510E1_5min

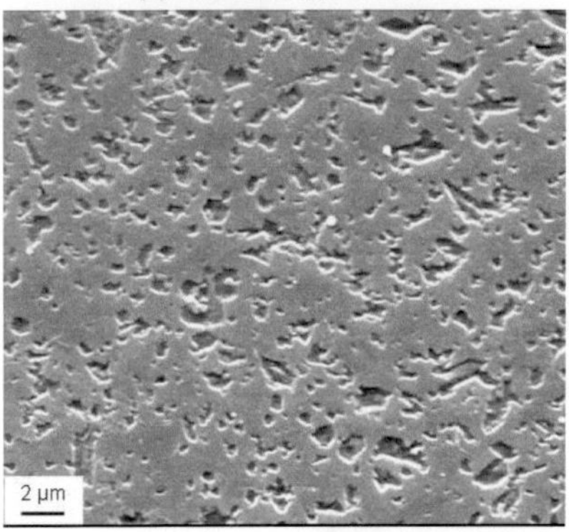

(c) Nd0510E1_10min

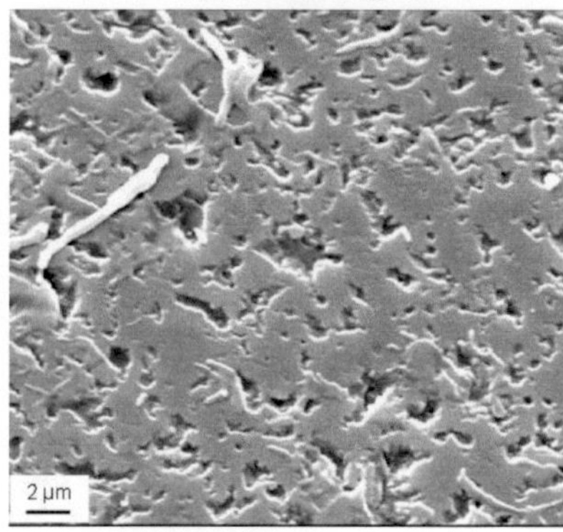

(d) Nd0510E1_20min

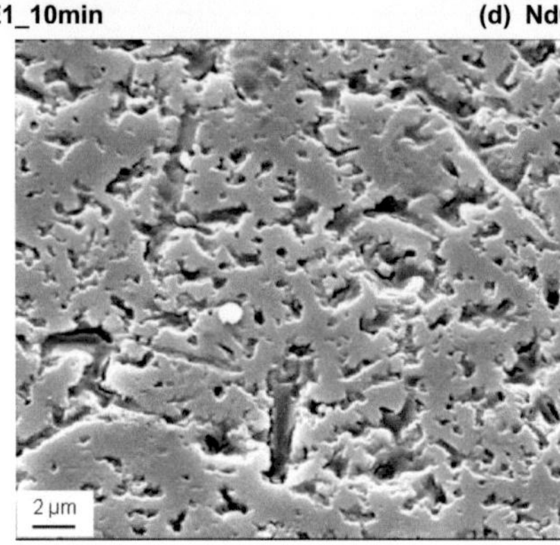

(e) Nd0510E1_40min

Abb. 4.61: *REM-Aufnahmen der Lauffläche des Sialons Nd0510E1 nach einem Gleitweg von 360 m für unterschiedliche Ätzdauern.*

Eine zweite Versuchsreihe wurde an den fünf Sialon-Varianten mit unterschiedlichem α/β-Verhältnis durchgeführt, die einer 10-minütigen Ätzbehandlung unterzogen wurden.
Die Materialvariante mit dem geringsten α-Sialon-Anteil von 20 % zeigt kaum Einlaufverhalten und besitzt während der ersten 150 m Gleitweg eine sehr niedrige Reibungszahl um 0,1. Das α/β-Sialon 40/60 weist dagegen auf den ersten 150 m einen etwas unruhigen Verlauf auf. Beide Materialvarianten besitzen ab 200 m Gleitweg ein recht homogenes Gleitverhalten mit Reibungszahlen, die allerdings von ca. 0,12 auf 0,14 ansteigen (*Abb. 4.62*). Die α-Sialon-ärmere Variante weist zudem vereinzelte Reibungszahlspitzen bis ca. μ = 0,2 auf.

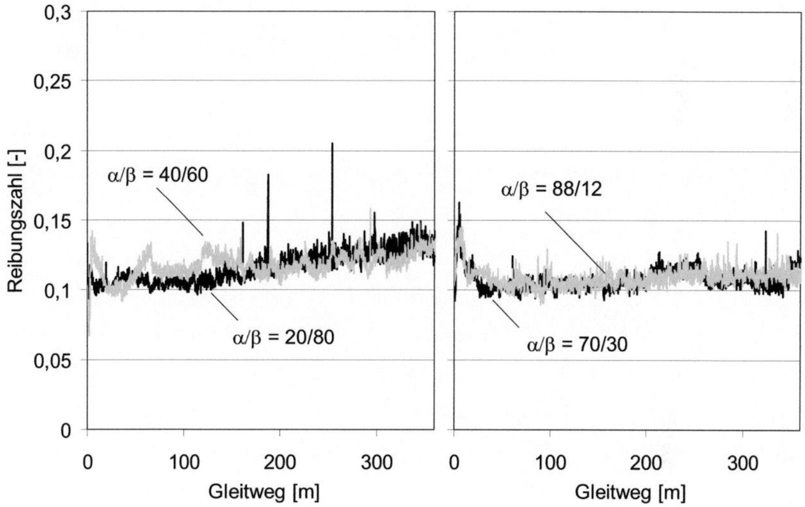

Abb. 4.62: *Reibungszahl als Funktion des Gleitweges für Sialone mit unterschiedlichem α/β-Verhältnis nach 10 min Ätzdauer.*

Die Sialon-Keramiken mit einem hohen α-Anteil von 70 bzw. 88 % besitzen nach einer kurzen Reibungszahlüberhöhung während der ersten 20 m Gleitweg ein sehr gutes Gleitverhalten mit einem Reibungszahlniveau von ca. 0,1, welches ab ca. 200 m Gleitweg leicht ansteigt. Bei diesen Gleitpaarungen liegt der lineare Verschleißbetrag der Platten nach einem Gleitweg von 360 m bei Werten von unter 0,5 μm (*Abb. 4.63*).

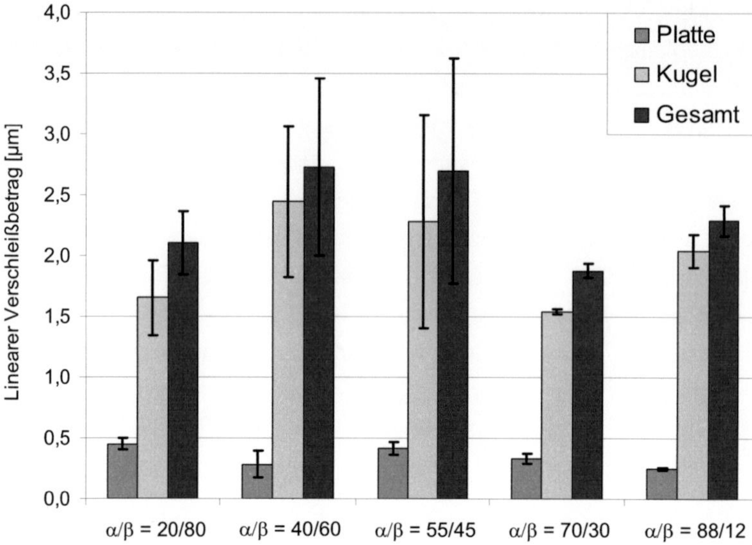

Abb. 4.63: *Linearer Verschleißbetrag W_l* der Gleitpaarungen nach einem Gleitweg von 360 m für Sialone mit unterschiedlichem α/β-Verhältnis nach 10 min Ätzdauer.*

Den geringsten Verschleiß besitzt mit etwa 0,25 µm die Platte der Variante Nd1010E1 mit dem höchsten α-Sialon-Anteil von 88 %. Der Verschleiß des Gegenkörpers liegt bei allen Varianten unterhalb von 2,5 µm und ist für die Keramik mit 40 % α-Phase am höchsten. Der Gesamtverschleiß liegt aber selbst für diese Materialvariante noch unter 3 µm.

Rasterelektronenmikroskopische Aufnahmen der beanspruchten Plattenoberflächen nach einem Gleitweg von 360 m sind in *Abb. 4.64* dargestellt. Auch bei diesen Sialon-Varianten ist ersichtlich, dass die Strukturierung nach der tribologischen Beanspruchung noch deutlich vorhanden ist. Es ist bei keiner Variante eine Furchung der Plattenoberfläche zu erkennen. Bei den Materialien mit geringen α-Sialon-Anteilen ist jedoch eine Einebnung der etwas rauen und zerklüfteten Ausgangsoberfläche festzustellen (*Abb. 4.64 (a), (b)*). Die Platten der Gleitpaarungen mit einem hohen α-Anteil von 70 bzw. 88 % weisen dagegen einen etwas stärkeren Materialübertrag des Gegenkörpers auf und sind mit losen, teils auch kompaktierten Verschleißpartikeln belegt (*Abb. 4.64 (c), (d)*).

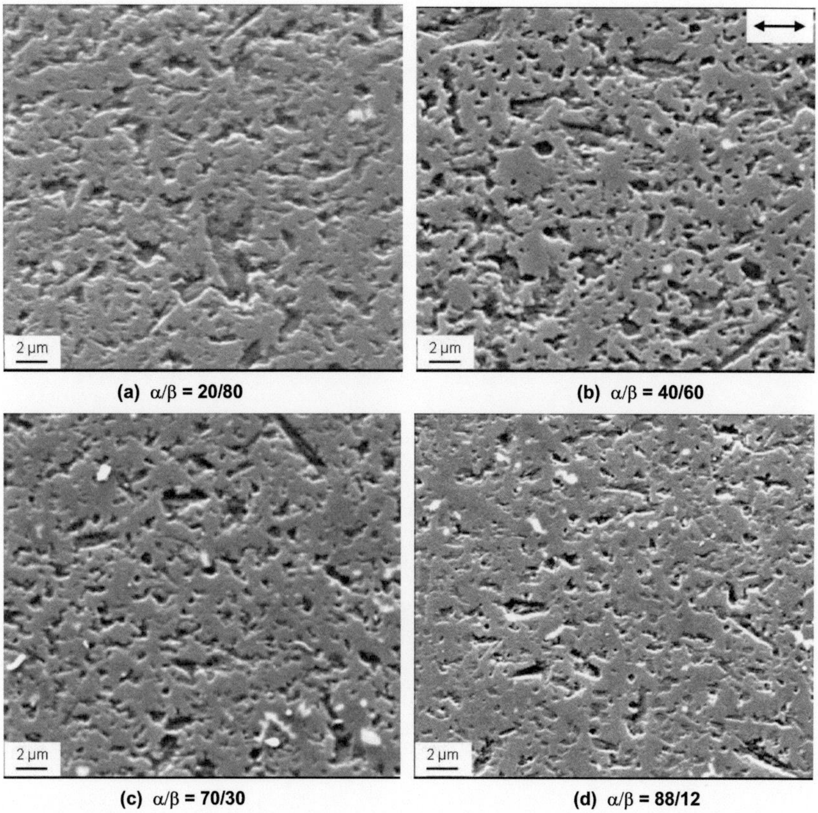

Abb. 4.64: *REM-Aufnahmen der Lauffläche der geätzten Sialone mit unterschiedlichen α/β-Verhältnissen nach einem Gleitweg von 360 m.*

5. Diskussion

Im Folgenden werden die Zusammenhänge zwischen Gefüge und mechanischen Eigenschaften diskutiert. Dabei werden die unterschiedlichen Methoden zur Härtesteigerung verglichen und bewertet. Die Ergebnisse der Untersuchungen zum Risswachstumsverhalten von Sialonen, die durch Rissspitzenzähigkeit, R-Kurvenverhalten und unterkritisches Risswachstum gekennzeichnet sind, werden in einem eigenen Abschnitt behandelt. Dabei wird die im Rahmen dieser Arbeit entwickelte neue Auswertemethode zur Bestimmung des unterkritischen Risswachstums geprüft und die Ergebnisse für Sialone werden mit jenen für kommerzielle Hochleistungskeramiken verglichen. Schließlich werden die tribologischen Untersuchungen diskutiert, wobei aufgezeigt wird, welche Zusammenhänge zwischen Gefüge bzw. Oberflächentopographie und Gleiteigenschaften bestehen.

5.1 Gefüge, mechanische Eigenschaften und Härtesteigerung

Anteil, Größe und Morphologie der α- bzw. β-Phase sowie der amorphen Sekundärphase sind in Sialon-Keramiken entscheidende Faktoren für deren mechanische Eigenschaften. Bei einer Auftragung der Härte HV10 über den α-Sialon-Gehalt der untersuchten Grundzusammensetzungen wird ein annähernd linearer Zusammenhang dieser beiden Größen erkennbar (*Abb. 5.1 (a)*). Steigt in einer Versuchsreihe im α/β-Koexistenzbereich der m-Wert an, nimmt die Härte zu. Die Ursache dafür ist, dass sich die Zusammensetzung dem Stabilitätsbereich der α-Sialon-Phase nähert, welche die härtere der beiden Sialon-Modifikationen ist (vgl. 2.4.1).

Die nach der Indentermethode gemessene Bruchzähigkeit zeigt unabhängig vom Anteil an α-Sialon Werte über 6 $MPam^{1/2}$ und dabei mit 6,5 $MPam^{1/2}$ den höchsten Wert für die ausgewogene Variante mit ca. 55 % α-Phase (*Abb. 5.1 (b)*).

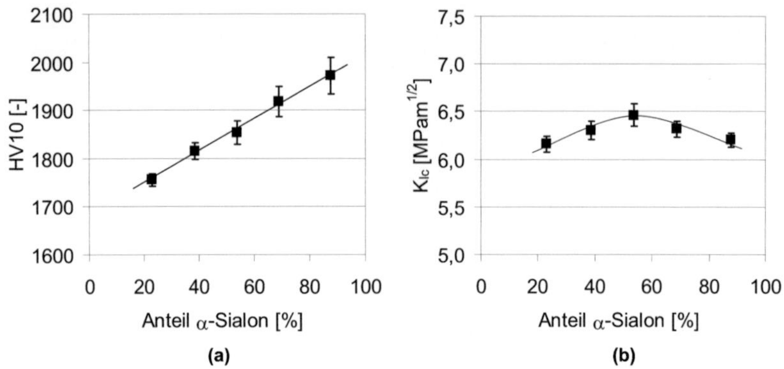

Abb. 5.1: *Vickers-Härte HV10 (a) und Bruchzähigkeit K_{Ic} (b) in Abhängigkeit des Anteils an α-Sialon für Zusammensetzungen mit 10 % Sinteradditivüberschuss.*

Betrachtet man nur den reinen Anteil an nadelförmigen β-Sialon-Körnern, die Rissverstärkungsmechanismen wie Rissablenkung und Rissüberbrückung hervorrufen, sollte sich die Bruchzähigkeit umgekehrt proportional zur Härte verhalten. Bei den untersuchten Proben zeigte sich diese Tendenz allerdings nicht ganz. Bemerkenswert ist, dass auch bei hohen α-Sialon-Anteilen die Bruchzähigkeit auf einem hohen Niveau bleibt. Verantwortlich für die hohe Bruchzähigkeit sind hier neben dem Anteil an nadeligen β-Sialon-Körnern die zum Teil ebenfalls nadelförmig gewachsenen α-Sialon-Kristalle, welche gleichermaßen in der Lage sind, Rissverstärkungsmechanismen zu aktivieren, wie in *Abb. 5.2* ersichtlich. Bei den untersuchten Proben konnte ab Zusammensetzungen mit m = 0,5 die stängelförmige α-Phase in den REM-Aufnahmen identifiziert werden (*Abb. 4.8*).

Durch Erhöhung des Sinteradditivüberschusses konnten für die β-Phase höhere Streckungsgrade und eine beachtliche maximale Länge von ca. 10 µm erreicht werden. Zusätzlich nahm die Kornmorphologie der α-Sialon-Phase durch die Überversorgung an Nd_2O_3 eine zunehmend gestreckte Form an und erreichte Längen von ca. 5 µm (*Abb. 4.12*). Die nach der Indentermethode bestimmte Bruchzähigkeit stieg dabei geringfügig, allerdings nahm die Härte aufgrund des erhöhten Anteils an amorpher Korngrenzenphase um ca. 50 HV10 ab (*Abb. 4.19*).

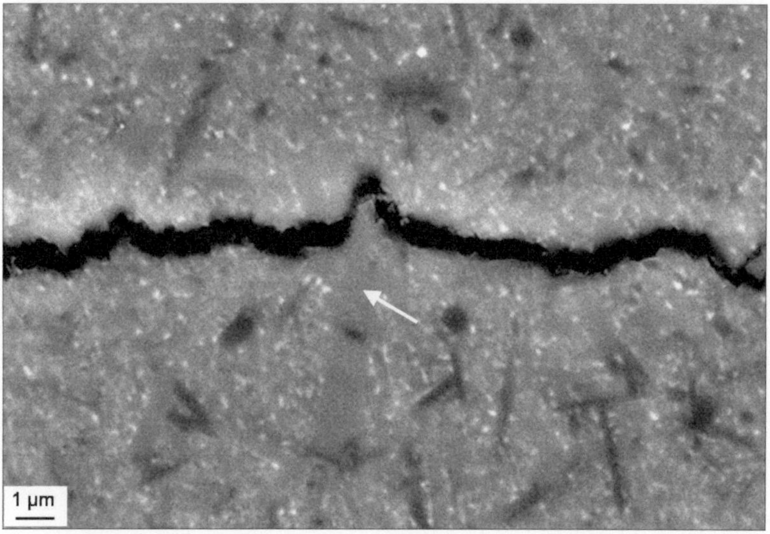

Abb. 5.2: *Rissablenkung an einem nadelförmigen α-Sialon-Korn (mit Pfeil markiert) in Nd1010E1.*

Die mittels FAST hergestellte Probe gleicher Zusammensetzung zeigte im Gegensatz dazu ein sehr feinkörniges Gefüge mit um eine Größenordnung kleineren β-Sialon-Nadeln. Durch die bei diesem Prozess einzigartig hohen Aufheizraten, konnte eine vollständige Verdichtung innerhalb von Minuten erreicht werden. Der Vergleich der Mikrostruktur von konventionell heißisostatisch gepressten Sialon-Proben und FAST-Proben vom gleichen Ausgangspulver zeigte große Unterschiede im Gefüge (*Abb. 4.12*). Die sehr hohe Aufheizrate von ca. 150 K/min und eine kurze Haltezeit von 7 min bei Maximaltemperatur, im Vergleich zu den 10 K/min und 60 min Haltezeit beim Sinter-HIP-Verfahren, verursachten kaum Kornwachstum, wodurch sich ein sehr feinkörniges Gefüge ausbildete.

Weiterhin zeigte die feldunterstützt gesinterte Probe einen ca. 15 % höheren α-Phasen-Anteil als die konventionell hergestellte. Dies könnte auf einen zusätzlichen Einbau des Sinteradditivs Nd_2O_3 in die α-Si_3N_4 Körner hindeuten. Jedoch erscheint die Möglichkeit größer, dass durch die sehr kurzen Prozesszeiten keine vollständige Mischkristallbildung stattgefunden hat. Somit deutet der höhere α-Phasen-Anteil auf nicht vollständig umgewandeltes α-

Si_3N_4-Ausgangspulver hin. Einen Beleg dafür liefert das Röntgendiffraktogramm in *Abb. 4.6 (b)*. Aus diesem wird ersichtlich, dass neben dem charakteristischen α-Sialon-Peak (102) bei ca. 34° eine zweite Intensitätsspitze bei etwas höherem 2θ-Winkel zu erkennen ist, die α-Si_3N_4 entspricht. Auch der charakteristische α-Sialon-Peak (210) erscheint leicht asymmetrisch mit einer rechten Schulter, was ebenfalls auf unreagiertes α-Si_3N_4-Ausgangspulver deuten lässt.

Dieser signifikante Unterschied in der Mikrostruktur zwischen der heißisostatisch gepressten und der feldunterstützt gesinterten Sialon-Variante spiegelt sich in den mechanischen Eigenschaften wieder. Die Härte der HIP Sialon-Probe der Zusammensetzung Nd0510E10 ohne SiC-Partikel lag etwas unterhalb von 1800 HV10, jene der feldunterstützt gesinterten bei etwas über 1900 HV10 (*Abb. 4.43*). Dies liegt einerseits an einem etwas höheren α-Phasen-Anteil der FAST-Probe, zum anderen an dessen deutlich feinkörnigerem Gefüge. Die Bruchzähigkeit war bei der HIP-Probe höher, da sie einen höheren β-Anteil aufwies und die nadelförmigen β-Kristallite deutlich größer und gestreckter ausgebildet waren. Hierdurch werden Verstärkungsmechanismen wie Rissablenkung, Rissüberbrückung und pull-out begünstigt. Trotzdem lag der nach der Indentermethode gemessene Wert für die FAST-Probe mit ca. 6 $MPam^{1/2}$ auf einem noch guten Niveau.

Durch eine Reduzierung des Sinteradditivüberschusses könnte die Härte der feldunterstützt gesinterten Materialvariante noch weiter gesteigert werden. Da Holzer zeigte, dass Sialone des Neodym-Systems bei Optimierung der Sinterparameter mittels heißisostatischem Pressen ohne Sinteradditivüberschuss vollständig verdichtet werden können [21], sollte auch eine vollständige Verdichtung mittels FAST möglich sein.

Sialon-SiC

Die Eigenschaften eines Komposit-Werkstoffs sind in hohem Maße durch die Eigenschaften des Zusatzstoffes charakterisiert. Ferner kann die Zugabe von Fremdpartikeln die Morphologie der Matrix beeinflussen. Daher kann schon die Beifügung kleiner Mengen große Auswirkungen haben. Durch die Änderungen des Diffusionskoeffizienten und der Morphologie wird zudem die Sinterfähigkeit beeinflusst, was wiederum Änderungen am Herstellungsprozess notwendig macht [125]. Dies zeigte sich deutlich bei den Sialon-SiC-Verbunden, die mittels heißisostatischen Pressens hergestellt wurden. Selbst bei einem geringen Anteil an SiC-Partikeln von 5 Vol.-%, musste der Sinteradditivüberschuss auf 100 % erhöht werden, um vollständige Verdichtung zu erreichen (vgl. 4.1.1). Für die Einlagerung höherer Gehalte an SiC wäre eine noch größere Menge an Sinteradditiv notwendig. Diese kann während des Flüssigphasensinterns nur begrenzt in die α-Si_3N_4-Struktur zur Bildung von α-Sialon eingelagert werden, während der Großteil als amorphe Glasphase bevorzugt in Tripel- und Quadrupelpunkten zu finden ist. Dies hätte einen hohen Anteil an Glasphase als Konsequenz, was für den geplanten Einsatz dieser Materialien nicht erwünscht ist, da dies eine verringerte Härte und Verschleißbeständigkeit zur Folge hätte [126]. Durch Einsatz der FAST-Technologie war es möglich, den SiC-Gehalt ohne weitere Steigerung der Menge an Sinteradditiv von 5 auf 30 Vol.-% SiC zu erhöhen. Erst bei einem SiC-Anteil von 50 Vol.-% war eine vollständige Verdichtung der Zusammensetzung mit 100 % Sinteradditivüberschuss nicht mehr möglich (*Abb. 4.2 (b)*). Der Grund dafür liegt in der Art der Berechnung des Sinteradditivüberschusses im Rahmen dieser Arbeit. Der Exzess an Neodymoxid wurde rein auf die stöchiometrische Zusammensetzung des Sialons bezogen. Wird dieser Pulvermischung eine Fremdphase, wie in diesem Fall SiC-Partikel, zugegeben, sinkt gleichzeitig der absolute Massenanteil des Sinteradditivs, wie in *Abb. 5.3* für 100 %-igen Überschuss dargestellt. Erst durch eine Erhöhung des Sinteradditivüberschusses auf 150 % (ca. 3,6 m.-%, in *Abb. 5.3* mit einem Dreieck dargestellt), was dem Niveau der Verbunde mit 20 bzw. 30 Vol.-% SiC-Gehalt entspricht, konnte eine vollständige Verdichtung erreicht werden.

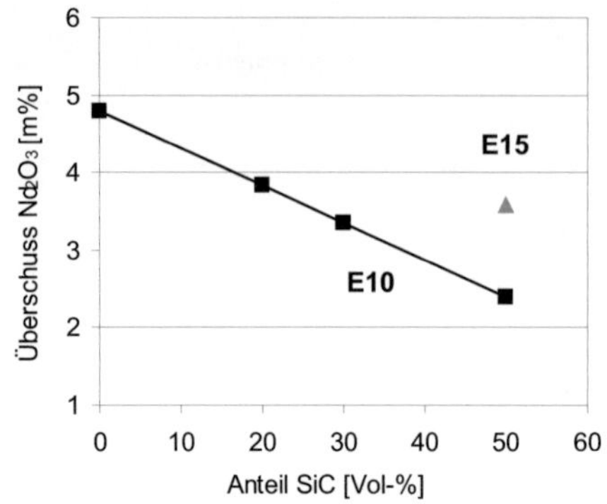

Abb. 5.3: *Nd_2O_3-Überschuss in Abhängigkeit des SiC-Gehalts für Zusammensetzungen mit 100 % bzw. 150 % Sinteradditivüberschuss.*

Diese Maßnahme musste zusätzlich mit einer Steigerung der Sintertemperatur um 100 K auf 1800 °C kombiniert werden (*Abb. 4.3*).
Zur Beschreibung der Änderung des E-Moduls in Komposit-Werkstoffen werden verschiedene Mischungsregeln herangezogen, mit denen in Abhängigkeit des Volumenanteils des Verstärkungsmittels der E-Modul berechnet werden kann. Die einzelnen Mischungsregeln sind entsprechend der Anordnung des Verstärkungsmittels im Verbund anzuwenden. Die Mischungsregel nach Voigt

$$E_{Voigt} = f_M E_M + f_V E_V \qquad \text{Gl. 5.1}$$

mit dem Volumenanteil f und den Indizes M für Matrix und V für Verstärkungsmittel wird angewandt, wenn Matrix und Verbundwerkstoff parallel nebeneinander angeordnet sind und die gleiche Dehnung aufweisen. Stehen Matrix und Verstärkungsmittel parallel zueinander und unter der gleichen Spannung, so muss die Mischungsregel von Reuß

$$E_{\mathrm{Re}u\beta} = \left(\frac{f_M}{E_M} + \frac{f_V}{E_V} \right)^{-1} \qquad \text{Gl. 5.2}$$

angewandt werden. Im Fall der homogenen isotropen Verteilung des Verstärkungsmittels, wie in diesem Fall angenommen, wird der E-Modul des Verbunds nach Hill mit

$$E_{Hill} = \frac{E_{Reuß} + E_{Voigt}}{2} \qquad \text{Gl. 5.3}$$

berechnet. Der nach Hill berechnete E-Modul stimmt mit Ausnahme des E-Moduls von Nd0510E10_SiC50 gut mit dem gemessenen E-Modul überein (*Abb. 5.4*).

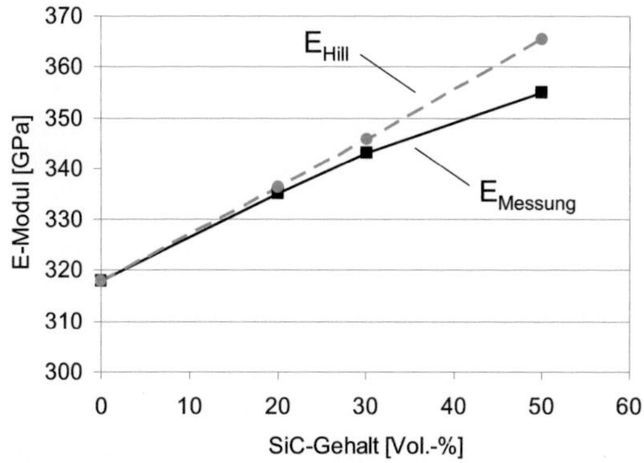

Abb. 5.4: *Elastizitätsmodul der Sialon-SiC-Verbunde mit unterschiedlichem SiC-Gehalt.*

Sowohl Elastizitätsmodul als auch Härte der Sialon-SiC-Verbunde nahmen annähernd linear mit zunehmendem SiC-Gehalt bis hin zu Werten von knapp 355 GPa bzw. 2100 HV10 zu, was einer Steigerung von über 10 % entspricht. Die nach der Indentermethode gemessene Bruchzähigkeit nahm bis zu einem SiC-Anteil von 30 Vol.-% auf 5,5 MPam$^{1/2}$ab (vgl. 4.3.3). Der leichte Anstieg der Risszähigkeit für den Verbund mit 50 Vol.-% SiC kann mit dem etwas erhöhten Additivüberschuss im Vergleich zur Variante mit 30 Vol.-% erklärt werden. Dadurch nahm die Menge an Glasphase im Gefüge und damit die Risszähigkeit leicht zu.

Randschichthärtung

Um die mechanischen Eigenschaften zu verbessern, wurde, neben der Einbringung von Hartstoffen in die Sialonmatrix, auch die Möglichkeit von Randschichtmodifikationen untersucht. Um den Verschleiß tribologisch beanspruchter Funktionsflächen niedrig zu halten und gleichzeitig ein belastbares Bauteil zu erhalten, war es ein vielversprechender Ansatz, einen im

Inneren relativ zähen Keramikkörper mit einer nach außen zunehmend härteren Randschicht zu versehen. Dies wurde zum einen durch die Technik des Kationenaustauschs, zum anderen durch eine Erhöhung des α-Sialon-Anteils an der Oberfläche erreicht.

Die Behandlung von Sialon-Keramiken in einer Kaliumnitratschmelze wurde erstmals durch Holzer untersucht [21] und als Verfahren zum Patent angemeldet [127]. Die Mechanismen, die zu der Härtesteigerung führten, blieben bisher weitestgehend ungeklärt und sollten im Rahmen dieser Arbeit analysiert werden. Dafür wurden systematische Versuchsreihen an zwei Sialonvarianten mit unterschiedlichen α/β-Sialon-Verhältnissen durchgeführt. Es bestätigte sich eine Härtesteigerung an der Oberfläche mit zunehmender Verweilzeit in der Salzschmelze bei 600 °C bis hin zu 8 h. Diese betrug ca. 150 HV1 für beide Materialvarianten. Eine längere Behandlung von 16 h zeigte keine weitere Zunahme in der Härte (*Abb. 4.34*). Röntgenographische Untersuchungen offenbarten, dass das α/β-Sialon-Verhältnis mit zunehmender Verweilzeit in der Salzschmelze etwas abnimmt. Dieses Phänomen eines temperaturabhängigen Phasengleichgewichts zwischen den zwei Phasen dürfte auf einen reinen thermischen Effekt zurückzuführen sein, der nicht von der Salzschmelze beeinflusst wird. Dennoch führt ein geringerer Anteil an α-Sialon, das die härtere der beiden Modifikationen darstellt, zu einer verringerten Härte. Somit gibt es zwei gegenläufige Effekte bei dieser Art von Behandlung, wodurch die Härte ab einer Verweildauer von 8 h nicht weiter ansteigt.

Weiterhin konnte im Rahmen der Nachweisgrenze anhand der Röntgendiffraktogramme keine Veränderung der Lage der Sialon-Peaks erkannt werden (*Abb. 4.32*). Dies deutet darauf hin, dass kein Einbau großer K^+-Ionen mit einem Ionenradius von 1,33 Å in die Kristallstruktur stattgefunden hat. Dies wurde schon im Vorfeld als unwahrschenlich erachtet, da typischerweise nur Kationen bis zu einem Ionenradius bis zu 1 Å erfolgreich in die Kristallstruktur eingebaut werden können (vgl. 2.1.1). Weiterhin ist bei einer Behandlungstemperatur von 600 °C die Diffusionsgeschwindigkeit in Si_3N_4 so gering, dass selbst wenn ein interstitieller Einbau stattgefunden haben sollte, dieser Effekt im zeitlichen Rahmen der Versuche nur wenige Nanometer tief gewesen sein kann.

Dadurch, dass der Röntgenstrahl in diesem Material eine Eindringtiefe von ca. 4 bis 40 µm erreicht (siehe A.2), ist es sehr unwahrscheinlich, einen solch oberflächennahen Effekt durch diese Methode nachweisen zu können.

TEM-Untersuchungen mit einer Elementanalyse in Körnern, Tripelpunkten und Korngrenzenphase konnten dagegen belegen, dass Kaliumionen in die feinen Korngrenzenfilme diffundieren (*Abb. 4.33*). Auch wenn der Anteil an amorphen Korngrenzenfilmen und Tripelpunkten sehr gering ist, erscheinen sie als die einzige Phase, bei der es zu einem Kationenaustausch gekommen sein kann. Dies ist darauf zurückzuführen, dass die Diffusion in einer amorphen glasartigen Korngrenzenphase deutlich einfacher ist als bei einer Festkörperdiffusion, wie es ein Einbau in die Sialon-Struktur wäre. Ob tatsächlich ein Austausch von Ionen oder eine reine Diffusion von K^+ aus der Salzschmelze in die Korngrenzen stattgefunden hat, konnte nicht belegt werden.

Um zu klären, ob diese Art von Randschichtmodifikation neben der Härtesteigerung auch einen Einfluss auf die Festigkeit der Sialonkeramik besitzt, wie es bei Glas der Fall ist [84], wurden mit der gleichen Technik Biegestäbchen behandelt. Diese bestanden aus der α/β-Sialon-Variante Nd0510E1, welche für 8 h der Kaliumnitratschmelze bei 600 bzw. 800 °C ausgesetzt und anschließend im 4-Punkt-Biegeversuch bis zum Bruch belastet wurden. Die eingebrachten Druckeigenspannungen an der Oberfläche sollten der Zugbeanspruchung entgegenwirken. Diese Vorspannung muss bei Biegebeanspruchung erst überschritten werden, bevor die für das Grundmaterial charakteristische Biegefestigkeit in Anspruch genommen wird. Die unbehandelten Proben zeigten eine Inertfestigkeit σ_0 = 931 MPa und einen Weibull-Modul von m_{korr} = 8,3. Nach 8-stündiger Behandlung bei 600 °C stieg die Inertfestigkeit auf σ_0 = 958 MPa bei praktisch unverändertem Weibull-Modul m_{korr} = 8,6. Die Proben, die einer Behandlungstemperatur von 800 °C ausgesetzt wurden, zeigten einen Festigkeitsabfall auf σ_0 = 830 MPa und einen höheren Weibull-Modul m_{korr} = 18,3 (*Abb. 5.5*). Die bei 800 °C behandelten Proben besaßen eine deutlich angegriffene Oberfläche, die zu großen bruchauslösenden Fehlern führt. Das scheint der Grund für die geringere Inertfestigkeit und den hohen Weibull-Modul zu sein.

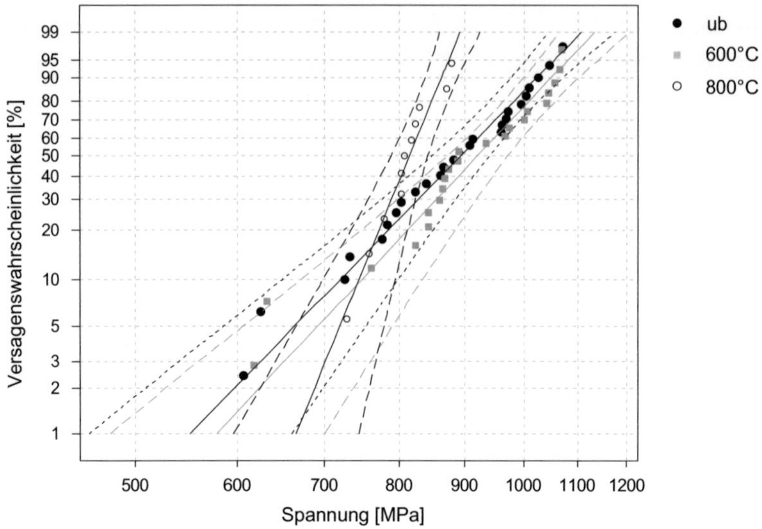

Abb. 5.5: *Einfluss einer 8-stündigen Behandlung mit Salzschmelze bei 600 und 800 °C auf die Festigkeit von Nd0510E1. Der unbehandelte Referenzzustand ist mit ub bezeichnet.*

Da sich die 90 % Konfidenzintervalle der Weibull-Verteilungen für die bei 600 °C behandelten Proben mit denen im unbehandelten Zustand überlappen, musste geklärt werden, wie hoch die Wahrscheinlichkeit für einen Festigkeitszuwachs ist. Es wurden dafür statistische Verfahren angewandt (Bayes-Theorem), um die Aussagekraft dieser Ergebnisse zu untersuchen. Dabei konnte ermittelt werden, dass die durchgeführte Behandlung mit einer 80 %-igen Wahrscheinlichkeit einen positiven Effekt auf die gemessene Inertfestigkeit hat und mit 60 %-iger Wahrscheinlichkeit eine Steigerung von 20 MPa möglich ist [128].

Eine vergleichbare Härtesteigerung wie bei der Randschichthärtung durch Kationenaustausch konnte an dichten Sialonkeramiken durch eine einstündige Wärmebehandlung bei 1800 °C erreicht werden (vgl. 4.3.2). Dies wurde durch eine Verschiebung im α/β-Gleichgewicht zugunsten der härteren α-Sialon-Modifikation ermöglicht. Die Härte an der Oberfläche konnte dabei durch α-Sialon-Umwandlung im Vergleich zum Ausgangszustand um über 100 HV10 gesteigert werden, wobei im Probenkern das zähere β-Sialon erhalten blieb. Durch eine längere Haltezeit von 4 Stunden konnte der α-Sialon-Anteil nur noch geringfügig gesteigert werden (*Abb. 4.38 (a)*). Der Grund dafür könnte sein, dass die Nd^{3+} Kationen, welche in die α-Sialon-Struktur interstitiell eingelagert werden und diese stabilisieren, schon aufgebraucht sind. Es ist zu vermuten, dass durch einen erhöhten Anteil an Sinteradditiv der α-Sialon-Gehalt weiter gesteigert werden könnte.

REM-Untersuchungen an einem Querschliff der bei 1800 °C behandelten Probe (*Abb. 5.6*) zeigen eine oberflächennahe Reaktionsschicht von ca. 15 µm.

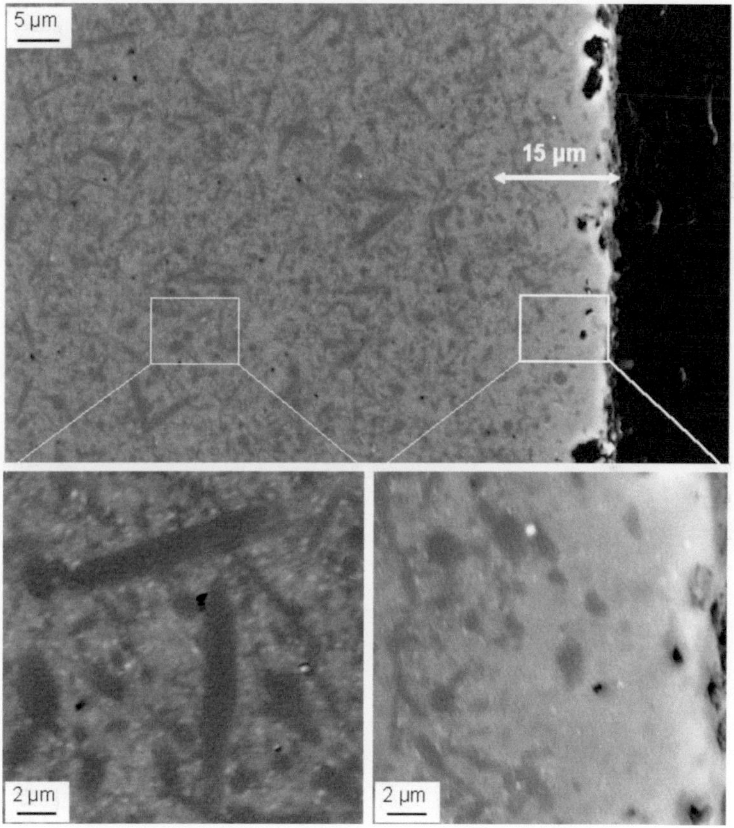

Abb. 5.6: *REM-Untersuchungen an einem Querschliff der bei 1800 °C behandelten Probe Nd0410E1.*

In den ersten 5 µm ist dabei reines α-Sialon zu erkennen, darunter nimmt der Anteil an β-Phase kontinuierlich bis auf das ursprüngliche α/β-Sialon-Verhältnis von ca. 40/60 zu. Dies deutet darauf hin, dass sich bei 1800 °C die α-Sialon-Phase im thermodynamischen Gleichgewicht befindet. Durch die relativ schnelle Abkühlung am Ende der einstündigen Wärmebehandlung bildet sich eine Randschichtzone, in der dieser Zustand „eingefroren“ wird. Dagegen kann im Inneren der Probe aufgrund der langsameren Abkühlung eine partielle β-Sialon-Umwandlung stattfinden.

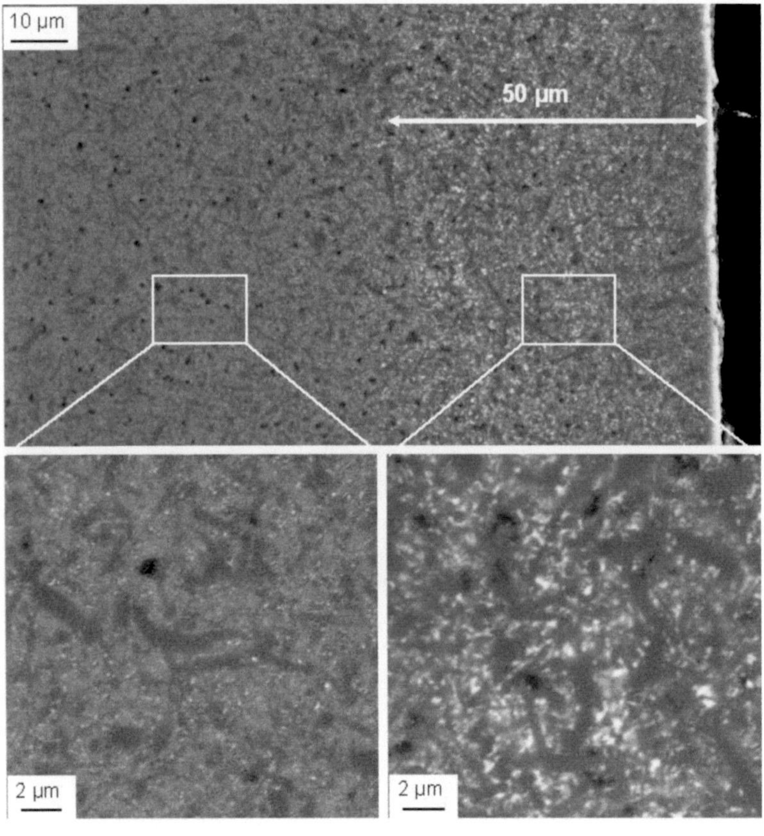

Abb. 5.7: *REM-Untersuchungen an einem Querschliff der bei 1700 °C behandelten Probe Nd0410E1.*

Auf der anderen Seite zeigte eine Wärmebehandlung bei 1700 °C, dass die α-Sialon-Phase an der Oberfläche komplett aufgelöst wird. Es ist dabei zu vermuten, dass die interstitiell eingelagerten Nd^{3+} Kationen bei dieser Temperatur in die Korngrenzenphase diffundieren und somit die Stabilisierung von α-Sialon verhindern. REM-Untersuchungen an einem Querschliff der bei 1700 °C behandelten Probe bestätigten diese Vermutung. Aus *Abb. 5.7* ist zu entnehmen, dass die oberflächennahe Reaktionsschicht von ca. 50 µm aus β-Sialon und neodymhaltiger Korngrenzenphase besteht. Unterhalb dieser Schicht ist das ursprüngliche Grundmaterial zu erkennen.

Die Tatsache, dass die Phasenumwandlung nur an der Oberfläche und nicht im Inneren der Probe stattfindet, deutet auf ein thermodynamisches Ungleichgewicht in den Reaktionen hin. Eine Bildung von α-Sialon im Inneren der Probe während der Abkühlung erscheint jedoch sehr unwahrscheinlich, da diese die bei hoher Temperatur stabile Phase darstellt. Einen entscheidenden Einfluss auf die Umwandlungsmechanismen könnte die N_2-Atmosphäre haben, was im Rahmen dieser Arbeit aber nicht eindeutig geklärt werden konnte.

Durch diese Untersuchungen konnte gezeigt werden, dass durch eine einfache einstündige Wärmebehandlung die Oberflächenhärte in einem Bereich von ca. 400 HV gezielt eingestellt werden kann, ohne dabei die Eigenschaften des Probenkerns zu verändern.

Röntgenographische Untersuchungen konnten die oberflächennahe Reaktionsschicht bei der bei 1800 °C behandelten Probe, die aus reinem α-Sialon besteht, nicht präzise auflösen. Grund dafür ist, dass die Eindringtiefe des Röntgenstrahls bei diesem Material in dem relevanten Winkelbereich von $2\theta = 30 - 40°$ ca. 15 - 20 µm beträgt (vgl. *Abb. A.3*). Dagegen konnte die 50 µm Reaktionsschicht der bei 1700 °C behandelten Probe vollständig erfasst werden.

Carman et al. untersuchten ebenfalls das System Nd-(α+β) Sialon bezüglich dieser Umwandlung [129]. Sie stellten fest, dass die $\alpha \rightarrow \beta$ Transformation schon ab einer Temperatur von 1450 °C erfolgt. Dabei bemerkten sie, dass die regelmäßig verteilte Korngrenzenphase große Agglomerate Melilith bildet. Falk [39] untersuchte die Mikrostruktur von neodymstabilisierten Sialon-Keramiken nach einer Wärmebehandlung bei 1450 °C mit konsequenter

Phasenänderung. Dabei stellte sie fest, dass sich die Sekundärphasen Melilith (M') und der AlN-Polytyp 21R aus dem vorhandenen α-Sialon und der Flüssigphase L nach der in Gl. 5.4 beschriebenen Umwandlungsreaktion bilden:

$$\alpha + L \rightarrow \beta + M' + 21R \qquad \text{Gl. 5.4}$$

Dagegen wurden im Rahmen dieser Arbeit bei den Wärmebehandlungsuntersuchungen an Nd0410E1 bei keiner Behandlungstemperatur oder -dauer röntgenographisch fremde Phasen detektiert. Allein bei 1700 °C konnten mittels REM-EDX vereinzelte AlN-Körner an der Oberfläche nachgewiesen werden. Dies scheint an dem sehr geringen Anteil an Glasphase zu liegen, der diese Zusammensetzung kennzeichnet.

Die glasphasenreiche Variante Nd0510E10, die mittels FAST hergestellt wurde, zeigte allerdings nach der gleichen Wärmebehandlung ein andersartiges Verhalten. Auch bei dieser Materialvariante konnten nach der einstündigen thermischen Behandlung bei 1700 °C an der Oberfläche bis zu 5 µm große 21R AlN-Polytyp-Körner identifiziert werden. Röntgenographische Analysen zeigten bei dieser Temperatur allerdings eine starke Bildung von Melilith (M'), gekennzeichnet durch ausgeprägte Peaks bei 29° und 31,2° der 2-Theta Skala. Dies führte zu einer starken Abschwächung der α- und β-Sialon-Intensitäten. Insgesamt lag der α-Phasen-Anteil bei 1700 °C mit 80 % etwas höher als im unbehandelten Zustand mit 73 %. Um die Zusammenhänge aus Gl. 5.4 besser zu verstehen, wurde an Nd0510E10 eine weitere Wärmebehandlung bei 1600 °C durchgeführt (*Abb. 5.8*).

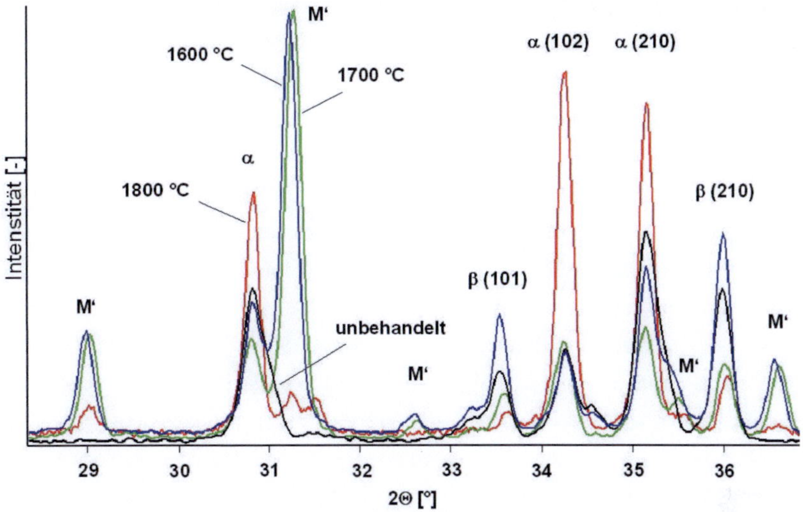

Abb. 5.8: *Auszug aus Röntgendiffraktogrammen für die Zusammensetzung Nd0510E10 bei unterschiedlichen Wärmebehandlungstemperaturen.*

So nahm bei der thermischen Behandlung der Probe Nd0510E10 bei 1600 °C der Anteil an α-Phase unter Bildung der Sekundärphasen und β-Sialon ab, wie in Gl. 5.4 beschrieben. Nach einer Stunde bei 1700 °C waren die Peaks der Sekundärphasen, wie aus dem Diffraktogramm ersichtlich, noch in gleicher Intensität vorhanden, aber im Verhältnis zu α- und β-Sialon deutlich höher. Dabei verschiebt sich das α/β-Sialon-Verhältnis bei dieser Temperatur leicht in Richtung α-Sialon. Daraus kann gefolgert werden, dass zuerst wieder β-Sialon in α-Sialon umgewandelt und dafür die restliche Glasphase verwendet wird, da gleichzeitig der Anteil an Melilith bis 1700 °C zunimmt. Bei weiterer Erhöhung der Temperatur auf 1800 °C stieg der Anteil an α-Sialon auf knapp 95 % und die Peaks der sekundären Phasen nahmen deutlich ab. Dies bedeutet, dass in Folge der Behandlung bei 1800 °C die Rückreaktion, also die Umwandlung der Sekundärphasen in α-Sialon und einem geringen Anteil Korngrenzenphase stattfindet, was in einer Erhöhung des Anteils an α-Sialon resultiert.

Bei Materialvarianten mit einem hohen Anteil an Sinteradditiv ist somit die oberflächennahe Umwandlung in α-Sialon zwar möglich, allerdings ist bei dieser Methode verstärkt mit einer Bildung von Melilith und AlN zu rechnen. Dies sollte berücksichtigt werden, da diese Sekundärphasen die Eigenschaften des Materials stark beeinflussen und z.B. die Oxidationsbeständigkeit bzw. die Härte herabsetzen können [130,131].

Wie bereits in Abschnitt 4.1.2 erwähnt, wurde festgestellt, dass die charakteristischen Peaks von α- und β-Sialon nach dem Prozess des Flüssigphasensinterns mittels FAST-Anlage unterschiedliche Peakintensitäten aufweisen. Daraus wurde eine Texturierung gefolgert, die aus der axialen Verdichtung mittels FAST-Anlage resultiert. Zu ähnlichem Ergebnis kam auch Kessler bei Untersuchungen an heißgepresstem Si_3N_4 [132]. Es wurde dabei festgestellt, dass nadelförmige β-Si_3N_4-Kristalle, die während des Heißpressens über einen Lösungs-Wiederausscheidungsprozess entstehen (vgl. 2.2.1), eine bevorzugte Orientierung ihrer Längsachse senkrecht zur Heißpressrichtung besitzen. Dabei konnte als Mechanismus zur Texturentstehung das mechanische Umklappen der bereits entstandenen nadelförmigen Kristalle über makroskopische Fließprozesse als Ausweichreaktion auf die Druckbeaufschlagung angesehen werden. Dieses Phänomen sollte auch für feldunterstützt gesinterte Nitridkeramiken gelten. Denn mit Ausnahme der Wärmezufuhr kann der Sinterprozess in der FAST-Anlage dem Heißpressen gleichgesetzt werden. Dass die Verdichtungsmechanismen durch den gepulsten Gleichstrom nicht beeinflusst bzw. verändert werden, konnte Langer anhand eines Vergleichstests an feinkörnigem Al_2O_3 feststellen [133]. Ein Einfluss des gepulsten Gleichstroms auf die Ausrichtung der Körner kann somit nahezu ausgeschlossen werden.

Mit steigender Temperatur der thermochemischen Behandlung ist zu erkennen, dass die charakteristischen Peaks sowohl von α- als auch von β-Sialon sich immer mehr in Richtung gleich hoher Peakintensitäten nähern. Dies ist dadurch zu erklären, dass im Verlauf der Wärmebehandlung in der Heißisostatpresse kein mechanischer Druck auf die Probe beaufschlagt wird und somit beim Kornwachstum während des Wärmebhandlungsprozesses keine Vorzugsrichtung besteht. Eine homogene Keimbildung mit isotrop verteilten Körnern erscheint dagegen als unwahrscheinlich.

5.2 Risswachstumsverhalten

Das Risswachstumsverhalten von drei Sialon-Materialvarianten, die sich im α/β-Sialon-Verhältnis sowie im Anteil an Glasphase unterscheiden, wurde im Rahmen dieser Arbeit näher untersucht. Die Bestimmung der Bruchzähigkeit erfolgte dabei nach unterschiedlichen Prüfverfahren, um einen Vergleich der Methoden zu ermöglichen. Dabei zeigten diese Verfahren qualitativ die gleichen Ergebnisse, wobei die SEVNB-Methode die bruchmechanisch exaktere Lösung darstellt, da sie mit einer senkrecht zur Rissebene anliegenden Zugbeanspruchung den Belastungsmodus I sehr gut abbildet. Bei der Erzeugung der Kerben in den SEVNB-Proben konnten durch Reduzierung der Körnung der Diamantsuspension bis auf 1 µm mittlere Kerbgrunddurchmesser von unter 10 µm erreicht werden. Die Realisierung von möglichst geringen Kerbradien ist sehr wichtig, da ab einem kritischen Wert die Annahme, dass die Kerbe einem scharfen Riss entspricht, nicht mehr zutrifft [134]. Dadurch steigt die berechnete Bruchzähigkeit an und das Ergebnis wird somit verfälscht [65].

Verschiedene Untersuchungen zeigten, dass die Bruchzähigkeit bei Nitridkeramiken mit steigender Korngröße zunimmt und etwa proportional zur Wurzel aus der Dicke der gestreckten Körner ist [135]. So besitzt die α-reiche Sialon-Variante Nd1010E1 den niedrigsten K_{Ic}, gefolgt von der gemischten α/β-Variante Nd0510E1, während die gemischte α/β-Variante mit zusätzlichem Sinteradditivgehalt Nd0510E6 die höchsten Werte aufweist (vgl. 4.2.3). β-Phasen-reiche Sialone sowie α-Sialon-Keramiken mit ausgeprägten anisotropen Körnern können somit als in-situ whiskerverstärkte Werkstoffe, mit den daraus resultierenden Verstärkungsmechanismen wie Rissablenkung und Rissüberbrückung betrachtet werden. Diese Mechanismen setzen neben Körnern mit hohem Streckungsgrad einen Bruch entlang der Korngrenzen voraus. Die Festigkeit der Korngrenzen sollte also geringer sein als die der Sialon-Körner. Der Rissüberbrückungsmechanismus beruht darauf, dass es zu Verzahnungen der Rissflanken hinter der Rissspitze kommt, welche die Rissspitze teilweise abschirmen. Mit fortschreitender Rissöffnung werden diese Brücken unter Energieverbrauch (Reibung, Ausbruch der Körner) aufgelöst. Die Ausbildung dieser Brücken ist umso stärker, je höher die

Anisotropie und Dimensionen der Körner sowie der interkristalline Bruchanteil sind [68,136]. Die beschriebenen Phänomene können im Wesentlichen für das R-Kurvenverhalten von Sialonen verantwortlich gemacht werden. Dieses wurde an einer äußerst steifen 4-Punkt-Biegevorrichtung untersucht, die stabiles Risswachstum für die drei untersuchten Materialvarianten ermöglichte (vgl. 3.5.5).

Die R-Kurven zeigten einen steilen Anfangsanstieg und erreichten innerhalb der ersten 10-20 µm Rissverlängerung annähernd Plateauwerte (*Abb. 4.23*). Ein steiler Anstieg ist erwünscht, weil Materialien, die bereits bei kleinen Fehlern eine hohe Zähigkeit aufweisen, eine höhere Festigkeit erreichen können und relativ unempfindlich in Bezug auf die Fehlergröße sind. Dabei sollte der Maximalwert der R-Kurve so hoch wie möglich sein [137].

Die α-Sialon-reiche Variante zeigte von den drei untersuchten Materialien die geringste Steigung der Risswiderstandskurve bis auf den Plateauwert von $K_{IR} = 4{,}7\ \mathrm{MPam}^{1/2}$. Dies könnte mit einer geringeren Grenzflächenfestigkeit zwischen Körnern und Glasphasen-Matrix zusammenhängen, wie Untersuchungen an Si_3N_4 gezeigt haben [138]. Mit zunehmender Rissverlängerung zeigte die Kurve einen nur sehr flachen weiteren Anstieg. Dies deutet darauf hin, dass ab einer Rissverlängerung $\Delta a = 20$ µm die Brückenbildung und deren Auflösung im Gleichgewicht stehen. Dies hängt direkt mit dem geringen Anteil von ca. 12 % an nadelförmigen β-Sialon-Körnern zusammen (*Abb. 4.5*). Die maximale Korngröße für die zum Teil nadelig gewachsenen α-Sialon-Kristalle bei dieser Materialvariante lag bei unter 3 µm (*Abb. 4.8 (e)*). Mit einem derart ausgebildeten Gefüge kann ein nur geringer Anteil an Reibbrücken bei größeren Rissverlängerungen aktiviert werden. Der Einfluss der β-Sialon-Körner auf das R-Kurven-Verhalten war bei Variante Nd0510E1 mit 45 %-igem Anteil an dieser Phase mit gestrecktem Habitus und Korngrößen bis ca. 8 µm deutlich erkennbar. Daraus resultiert ein höherer Plateauwert von $K_{IR} = 5{,}2\ \mathrm{MPam}^{1/2}$ nach 500 µm Rissverlängerung.

Mit dem auf 60 % gesteigerten Sinteradditivüberschuss von Variante Nd0510E6 wurde der höchste Plateauwert von $K_{IR} = 5{,}8\ \mathrm{MPam}^{1/2}$ erreicht. Mit zunehmender Rissverlängerung ist ein weiterer signifikanter Anstieg messbar, was darauf zurückgeführt wird, dass ein großer Anteil an α-Sialon-Körnern

durch den höheren Sinteradditivüberschuss zunehmend gestreckter wird, so dass der Anteil an Reibbrücken und pull-out-Effekten steigt.
Die Ergebnisse aus den R-Kurven-Messungen korrelierten dabei sehr gut mit den Ergebnissen der Bruchzähigkeitsbestimmung nach der SEVNB-Methode, die den Plateau-Wert der R-Kurve liefert (vgl. *Tab. 4.1*).
Als Startwert für die R-Kurven wurden die mittels COD-Methode bestimmten Rissspitzenzähigkeiten K_{I0} gewählt. Deren Werte lagen zwischen $K_{I0} = 1{,}4\ \mathrm{MPam}^{1/2}$ für die α-reiche Sialon-Variante und $K_{I0} = 1{,}6\ \mathrm{MPam}^{1/2}$ für das Material mit einem α/β-Sialon Verhältnis von 55/45 (*Abb. 4.21* und *Abb. 4.22*). Dies zeigt, dass die Gefügeausbildung keinen beträchtlichen Einfluss auf die gemessene Rissspitzenzähigkeit besitzt. Bei dieser Auswertemethode wurde nur der rissspitzennahe Bereich bis ca. 5 µm betrachtet, wodurch R-Kurven-Effekte das Ergebnis nicht so stark beeinflussen. Mit größer werdendem Rissfortschritt weichen die gemessenen Rissöffnungswerte von der Fit-Parabel immer mehr nach oben ab, was auf ein verstärktes R-Kurven-Verhalten hindeutet. Verglichen mit Rissspitzenzähigkeiten von ca. $2\ \mathrm{MPam}^{1/2}$, die mit der gleichen Methode in Si_3N_4 ermittelt wurden [82], könnten die für Sialone erhaltenen Ergebnisse mit einer anderen Zusammensetzung der amorphen Korngrenzenphase begründet werden. Wie sich diese von der in Si_3N_4 im Wesentlichen unterscheidet, ist im folgenden Abschnitt „Unterkritisches Risswachstum" diskutiert. Dabei ist zu berücksichtigen, dass bei der Messung der Rissspitzenzähigkeit sowohl die Grenzflächenfestigkeit von Korn und Korngrenzenphase als auch die Festigkeit des Korns selbst eine entscheidende Rolle spielen.

Bei den Festigkeitsmessungen der drei näher charakterisierten Sialon-Varianten war auffällig, dass die α-reiche Sialon-Variante mit der geringsten Bruchzähigkeit die besten Eigenschaften zeigte (*Abb. 4.24*). Dies würde bedeuten, dass diese Materialvariante aufgrund deutlich kleinerer Fehler versagt. Den Zusammenhang zwischen Festigkeit, Fehlergröße und R-Kurve zeigen die Diagramme in *Abb. 5.9* für die drei untersuchten Sialon-Varianten. Der Verlauf des Spannungsintensitätsfaktors wurde unter Verwendung von Gl. 2.4 für die jeweils charakteristische Festigkeit σ_0 (vgl. *Tab. 4.2*) berechnet.

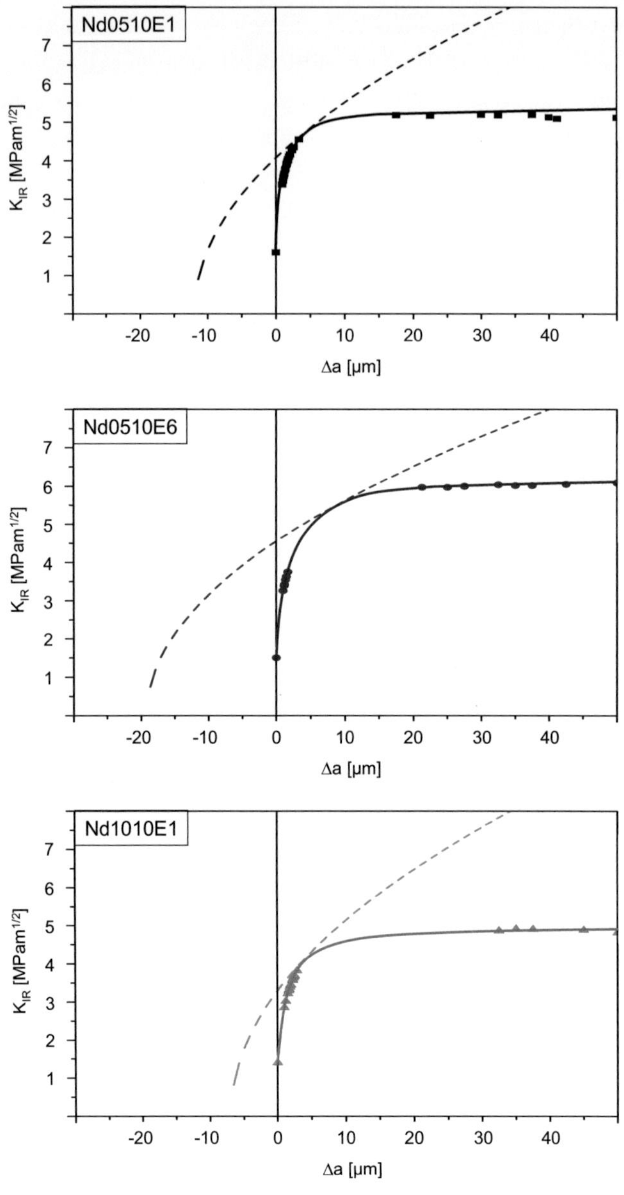

Abb. 5.9: *R-Kurven bzw. berechneter Spannungsintensitätsfaktor-Verlauf.*

Dabei wurde zur einfacheren Vergleichbarkeit einheitlich von halbkreisförmigen Oberflächenfehlern mit Geometriefaktor Y = 1,3 ausgegangen. Aus dieser graphischen Auswertung können die Anfangsfehlergröße sowie die stabile Rissverlängerung bis zum Bruch entnommen werden. Dieser tritt auf, wenn die berechnete Kurve des Spannungsintensitätsfaktors die R-Kurve tangiert.

Aus dieser Darstellung wird ersichtlich, dass die α-reiche Sialon-Variante Nd1010E1 mit ca. 8 µm die geringsten kritischen Fehlergrößen besitzt, gefolgt von der Variante Nd0510E1 mit ca. 12 µm, während Nd0510E6 aufgrund von gröberen Defekten von ca. 19 µm Ausgangsgröße versagt. Die stabile Rissverlängerung bis zum Bruch beträgt dabei für Nd0510E1 und Nd1010E1 ca. 4 µm, während es bei Nd0510E6 ca. 8 µm sind.

Da die Biegestäbchen aus den drei Sialon-Varianten nach dem gleichen Herstellungsverfahren hergestellt wurden, kann ein starker Einfluss des „processing“ auf die Festigkeit nahezu ausgeschlossen werden. Stichprobenartige fraktographische Untersuchungen an den Bruchflächen zeigten eine ausgewogene Versagensursache von Oberflächenfehlern bzw. Volumenfehlern. Zu ähnlichem Ergebnis kam auch Holzer bei Untersuchungen an den gleichen Materialvarianten [21]. Eine Erklärung für die unterschiedlichen Anfangsfehlergrößen könnte das jeweilige Verhalten der Materialien bei der Hartbearbeitung darstellen. Im Gegensatz zur Materialvariante Nd0510E6 mit den gröbsten β-Sialon-Nadeln könnten bei der feinkörnigen α-reichen Sialon-Variante Nd1010E1 kleinere Risse an der Oberfläche vorliegen. Eine Abhängigkeit von Festigkeit, Korngröße und Oberflächenbearbeitung technischer Keramiken wurden von Iwasa und Kim formuliert [139,140]. Hierin wurde festgestellt, dass bei grobkörnigen Si_3N_4-Keramiken mit bis zu 10 µm Kornlänge, die durch eine Schleifbearbeitung eingebrachte kritische Prozesszone an der Oberfläche ausgeprägter ist als in feinkörnigerem Material. Dies war verantwortlich für eine Festigkeitsabnahme im grobkörnigen Material und könnte auch eine Erklärung für die Ergebnisse dieser Arbeit liefern.

Unterkritisches Risswachstum

Der hohe Risswachstumsexponent *n* von ca. 120, der bei den Untersuchungen an Nd0510E1 und Nd1010E1 unter destilliertem Wasser festgestellt wurde, deutet auf ein sehr schwaches medienbedingtes unterkritisches Risswachstum hin (vgl. 4.2.7). Speziell für diese Art von Materialien mit extrem hohen Risswachstumsexponenten wurde eine neue Auswertemethode entwickelt, bei der Durchläufer auf einem höheren Lastniveau erneut belastet werden können [141,142]. Diese Lebensdaueruntersuchung unter stufenartiger Belastung ermöglicht eine genauere Aussage über das unterkritische Risswachstumsverhalten. Untersuchungen unter Isooktan an den gleichen Materialvarianten zeigten eine noch geringere Risswachstumsgeschwindigkeit als in Wasser (über Faktor 10). Das Verhältnis zwischen α- und β-Sialon schien dabei keinen bedeutenden Einfluss auf das unterkritische Risswachstum zu haben.

Wichtig für die Interpretation des unterkritischen Risswachstums ist nicht nur der alleinige Wert des Risswachstumsexponenten *n*, sondern auch A* und somit die allgemeine Lage der v-K-Kurve. Die in Abschnitt 4.2.7 gemessenen Lebensdauern wurden ausgewertet, um die v-K-Abhängigkeit des unterkritischen Risswachstums zu erhalten. Bei diesem Verfahren wurde das Potenzgesetz vorausgesetzt. In den meisten Fällen ist dies für keramische Werkstoffe eine hinreichend genaue Annahme. Es zeigten sich allerdings Fälle, bei denen das untersuchte Material eine kompliziert verlaufende Risswachstumskurve aufwies, die im Bereich hoher Risswachstumsraten nicht genau genug durch das Potenzgesetz beschrieben werden konnte [90].

Die von Fett und Munz vorgeschlagene Alternative der modifizierten Lebensdauermethode [88] (siehe Abschnitt 2.4.4), bei der keinerlei Annahme über die Art des v-K-Zusammenhangs notwendig ist, wurde hier angewendet, um die Korrektheit der in Abschnitt 4.2.7 erhaltenen Ergebnisse zu eruieren. Dabei wird gezeigt, dass die modifizierte Lebensdauermethode auf den Spezialfall der statischen Versuche mit Wiederbelastung der Durchläufer auf höheren Lastniveaus ausgeweitet werden kann.

Aus Gl. 2.14 ergibt sich die unterkritische Risswachstumsrate als Funktion von K_{Ii} für das erste Lastniveau (Gl. 5.5).

$$v(K_{Ii}) = -\frac{2}{t_{B,1}\sigma_1^2}\left(\frac{K_{Ii}}{Y}\right)^2 \frac{d[\log(K_{Ii}/K_{Ic})]}{d[\log(t_{B,1}\sigma_1^{\ 2})]}. \qquad \text{Gl. 5.5}$$

Bei Wiederbelastung der Proben von Lastniveau σ_1 auf σ_2 steigt dabei der Spannungsintensitätsfaktor auf den Wert K_{Ire} (re = reloaded = wiederbelastet) gemäß

$$K_{Ire} = \frac{\sigma_2}{\sigma_1} K_{Isur}. \qquad \text{Gl. 5.6}$$

Dabei ist K_{Isur} (sur = survival = Durchläufer) der Spannungsintensitätsfaktor zum Zeitpunkt t_0, welcher die reguläre Laufzeit auf dem ersten Lastniveau definiert.

Damit resultiert für die Risswachstumsrate als Funktion von K_{Ire} für das zweite Lastniveau:

$$v(K_{Ire}) = -\frac{2}{t_{B,2}\sigma_2^2}\left(\frac{K_{Ire}}{Y}\right)^2 \frac{d[\log(K_{Ire}/K_{Ic})]}{d[\log(t_{B,2}\sigma_2^{\ 2})]} \qquad \text{Gl. 5.7}$$

Die Anwendung von Gl. 5.7 setzt die Kenntnis von K_{Isur} voraus, welche über einen iterativen Prozess über Gl. 5.8 bestimmt werden kann. Dieses Verfahren ist ausführlich in [143] beschrieben.

$$t_0 = \frac{2}{\sigma_1^2 Y^2} \int_{K_i}^{K_{sur}} \frac{K_I}{v(K_I)} dK_I \qquad \text{Gl. 5.8}$$

Die mittels modifizierter Lebensdauermethode errechneten v-K-Werte sind in *Abb. 5.10* für die Materialvariante Nd1010E1 dargestellt. Dabei sind die einzelnen Werte der regulären Brüche auf dem ersten Lastniveau von 800 MPa als Punke eingezeichnet. Die bei 900 MPa wiederbelasteten Durchläufer, die auf dem 2. Lastniveau regulär versagten, sind als Kreise dargestellt. Zum Vergleich ist die nach dem Potenzgesetz ausgewertete v-K-Kurve aus Abs. 4.2.7 eingezeichnet. Dabei ist zu erkennen, dass diese mit den berechneten Werten aus der modifizierten Lebensdauermethode gut übereinstimmt. Somit kann das reale unterkritische Risswachstumsverhalten der untersuchten Sialon-Keramiken mit dem Potenzgesetz abgebildet werden.

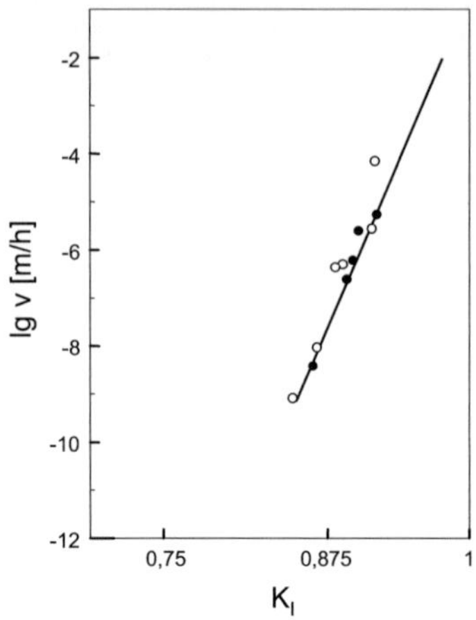

Abb. 5.10: *Vergleich der nach Gl. 5.5 (Punkte) und Gl. 5.7 (Kreise) berechneten v-K-Werte mit der aus dem Potenzgesetz erhaltenen v-K-Kurve für die in destilliertem Wasser untersuchte Sialon-Variante Nd1010E1.*

In *Abb. 5.11* sind die v-K-Kurven für die in destilliertem Wasser untersuchten Materialvarianten Nd0510E1 und Nd1010E1 als Potenzgesetz-Fit aufgetragen. Zum Vergleich sind die Kurven zweier anderer Keramiken, Si_3N_4 [91] und Al_2O_3 [90] eingezeichnet. Diese weisen eine geringere Steigung und damit eine deutlich höhere Risswachstumgeschwindigkeit bei niedrigen K/K_{Ic}-Werten auf. Die Werte für Al_2O_3 stammen aus Untersuchungen an Luft, wobei unter Wasser ein viel stärkeres unterkritisches Risswachstum zu erwarten wäre. Wird die Risswachstumsgeschwindigkeit über den absoluten Spannungsintensitätsfaktor K_I aufgetragen, so werden die positiven Eigenschaften der Sialon-Keramiken noch deutlicher (*Abb. 5.11 (b)*). Bei einer hypothetischen Belastung von $K_I = 4{,}75\ \mathrm{MPam}^{1/2}$ ist die Risswachstumsgeschwindigkeit beim gemischten α/β-Sialon im Bereich von nm/h, beim α-reichen Sialon im Bereich von µm/h, bei Si_3N_4 im Bereich von mm/h, während Al_2O_3 bei einer solchen Belastung bereits katastrophal versagt hätte.

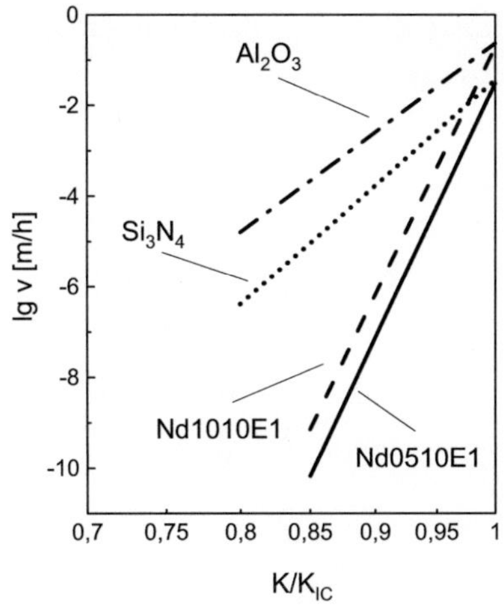

(a)

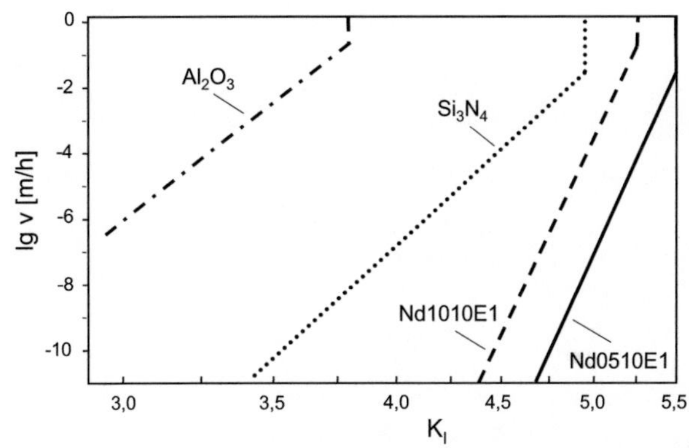

(b)

Abb. 5.11: *Vergleich der v-K-Kurven für zwei in destilliertem Wasser untersuchte Sialon-Varianten mit kommerziellem Siliciumnitrid bzw. Aluminiumoxid über den normierten (a) und absoluten Spannungsintensitätsfaktor (b).*

Eine mögliche Ursache für das sehr geringe medienbedingte unterkritische Risswachstum in den untersuchten Sialon-Keramiken könnte der niedrige Anteil an amorpher Korngrenzenphase darstellen. Um den Zusammenhang zwischen Anteil an Glasphase und Risswachstumsgeschwindigkeit zu analysieren, wurde basierend auf der Nd0510E1-Variante die Sialonvariante

Nd0510E6 hergestellt und diese ebenfalls in destilliertem Wasser untersucht. Diese Variante besitzt einen höheren Sinteradditivgehalt, was zu einem Glasphasenanteil von ca. 3 Masse-% gegenüber den 0,5 Masse-% des herkömmlichen gemischten α/β-Sialons führt, was allerdings im Vergleich zu Si_3N_4 immer noch sehr gering ist. Die Proben wurden nach der in Abschnitt 4.2.7 bereits beschriebenen Methode bei einem ersten Lastniveau von 650 MPa und anschließend auf einem zweiten Lastniveau von 750 MPa beansprucht (*Abb. 5.12*).

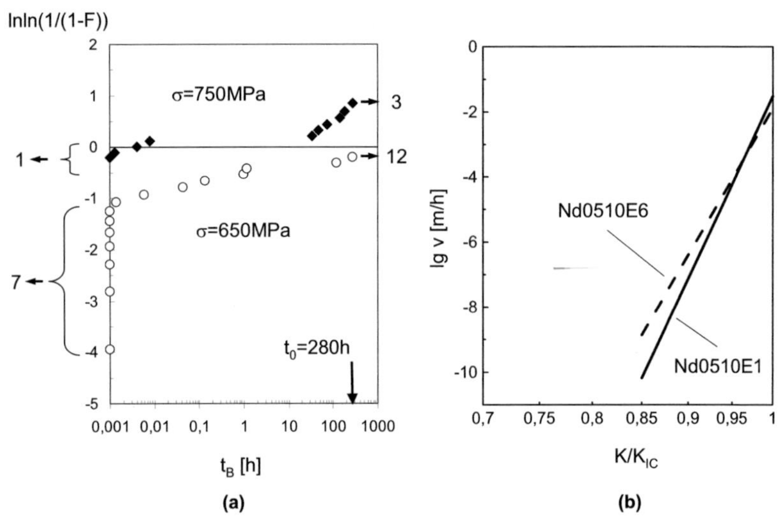

Abb. 5.12: *Lebensdauern in destilliertem Wasser für Nd0510E6 (a). Vergleich der v-K-Kurven für Nd0510E6 mit Nd0510E1 (b).*

Die Auswertung beider Lastniveaus ergab für diese Materialvariante das Risswachstumsgesetz

$$v = 0{,}0130 m/h \cdot \left[\frac{K_I}{K_{Ic}}\right]^{98}.$$

Aufgetragen als v-K-Kurven zeigt die Sialon-Variante mit zusätzlichem Glasphasenanteil Nd0510E6 bei niedrigeren K_I-Werten ein etwas höheres unterkritisches Risswachstum als das Nd0510E1 (*Abb. 5.12 (b)*). Dies scheint die Vermutung zu bekräftigen, dass die amorphe Korngrenzenphase einen Einfluss auf das medienbedingte unterkritische Risswachstum hat. Der n-Wert wird zwar mit einem höheren Anteil an Korngrenzenphase etwas kleiner, ist aber im Vergleich zu Si_3N_4 immer noch sehr hoch. Daher scheint nicht nur die Menge, sondern auch die Zusammensetzung eine entscheidende Rolle zu spielen. So werden bei Sialon durch die zusätzliche Einlagerung von Aluminium und Sauerstoff im Vergleich zu Si_3N_4 nicht nur Anzahl und Art der Si-O-Verbindungen erhöht, sondern auch Al-O-Verbindungen generiert. Diese besitzen im Vergleich zu Si-N eine höhere Bindungsenergie, wie Becher et al. feststellten [144]. Wie in *Abb. 5.13* dargestellt, steigt die Bindungsenergie von SiN_xO_y- und AlN_xO_y-Tetraedern mit zunehmendem Substitutionsgrad von Stickstoff durch Sauerstoff, wobei SiO_4 die energetisch stabilste Einheit bildet [145].

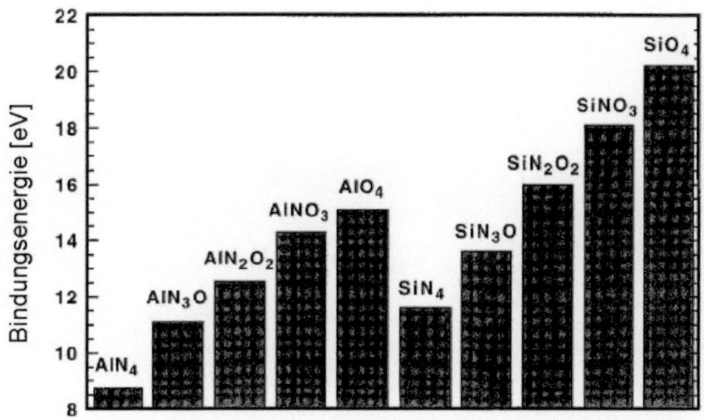

Abb. 5.13: *Berechnete Bindungsenergie für 5-atomige Si und Al-Tetraeder-Cluster unterschiedlicher O/N Zusammensetzung [145].*

Daraus resultiert somit auch, dass die Grenzflächenfestigkeit zwischen oxynitridischer Glasphase und Sialon-Körnern höher ist als die zwischen Si_3N_4 und Glasphase. Aus diesen Untersuchungen kann geschlussfolgert werden, dass die stärkeren Bindungen in Sialon-Keramiken für die hohe Resistenz gegenüber unterkritischem Risswachstum verantwortlich sein könnten.

5.3 Tribologisches Verhalten

Die Sialon-Grundzusammensetzungen Nd0510E1 und Nd1010E1 wurden bereits von Holzer sowohl in Wasser als auch Isooktan in einer Zylinder-Platte-Anordnung in Selbstpaarung charakterisiert [146]. Diese Keramiken zeigten dabei unter Isooktanschmierung und geschliffener Plattenoberfläche im Vergleich zu kommerziellem Al_2O_3 und Si_3N_4 nach einer Einlaufphase Reibungszahlen auf dem niedrigsten Niveau ($\mu = 0{,}2 - 0{,}3$). Die geringste Verschleißbandbreite erreichte die α-Sialon-reiche Variante, die von allen untersuchten Materialien die höchste Härte besitzt.
Im Rahmen dieser Arbeit wurde der Schwerpunkt der tribologischen Untersuchungen auf Sialon-SiC-Verbunde und auf oberflächenmodifizierte Sialone gelegt.

Einfluss der Oberflächenbearbeitung und des Herstellungsverfahrens
Als Referenzwerkstoffe wurden die konventionell hergestellte Sialonvariante Nd0510E1 in poliertem bzw. feingeschliffenem Zustand sowie das additivreichere Nd0510E10, das als Grundwerkstoff für die Sialon-SiC-Verbunde diente, untersucht. Letztere wurde sowohl mittels heißisostatischen Pressens, als auch mit der FAST-Technik hergestellt. Die Ergebnisse der Untersuchungen zeigten, dass der Einfluss der Oberfläche bei Nd0510E1 eine untergeordnete Rolle spielt (vgl. 4.4.1). Im Allgemeinen ergeben polierte Oberflächen niedrigere Reibungszahlen mit zunehmender Beanspruchungsdauer, jedoch temporäre Reibungszahlspitzen durch lose Verschleißteilchen oder Bildung von unerwünschten Deckschichten [147]. In diesem Falle unterschieden sich die Reibungszahlverläufe im Wesentlichen nicht stark voneinander und der lineare Verschleißbetrag lag mit unter 0,5 µm selbst für die geschliffene Variante in einem unbedenklichen Bereich. Dies deutet auf keinen Abtrag der Schleifriefen, sondern auf eine Einebnung des Oberflächenprofils hin, was die REM-Bilder auch bestätigen (*Abb. 4.48*). Die Probe mit polierter Oberfläche zeigte eine regelmäßige Deckschicht aus kompaktierten Verschleißpartikeln in der Größenordnung von 1-2 µm. Dagegen zeigte die heißisostatisch gepresste Sialonvariante Nd0510E10 mit einem höheren Sinteradditivüberschuss deutlich schlechtere Gleiteigenschaften. Sie besaß die höchste Reibungszahl und es traten zudem

kurzzeitige Reibungszahlüberhöhungen bis zu $\mu = 0,3$ auf (*Abb. 4.46*). Die Oberfläche war durch starken Materialübertrag des Gegenkörpers und durch eine starke Furchung in Gleitrichtung gekennzeichnet. Dadurch ergab sich für diese Variante der höchste Gesamtverschleiß von ca. 9 µm (*Abb. 4.47*). Verantwortlich für die schlechteren Gleiteigenschaften könnte hauptsächlich die Korngröße und deren Morphologie bei dieser Materialvariante sein. Die nadelförmige β-Phase erreichte mit zunehmendem Sinteradditivüberschuss höhere Streckungsgrade und eine maximale Länge von 10 µm. Zusätzlich nahm die Kornmorphologie der α-Sialon-Phase mit steigendem Sinteradditivüberschuss einen zunehmend gestreckten Zustand an. Diese Art von Gefüge begünstigt zwar eine hohe Schadenstoleranz in Form einer hohen Bruchzähigkeit, scheint aber unter den Rahmenbedingungen in dieser Arbeit für die tribologischen Eigenschaften eher kontraproduktiv zu sein. Xie und Hoffmann stellten in diesem Zusammenhang fest, dass je nach Beanspruchungsart und Oberflächenpressung die Kornform bzw. der Streckungsgrad eine entscheidende Rolle spielen [148]. Weiterhin besitzt das Material durch den höheren Sinteradditivgehalt einen erhöhten Anteil an Glasphase, der sich wie auch Campbell et al. feststellten [126], negativ auf die tribologischen Eigenschaften auswirkt.

Die mittels FAST hergestellte Probe gleicher Zusammensetzung zeigte im Gegensatz dazu ein sehr feinkörniges Gefüge mit einem etwas höheren Anteil an harter α-Phase. Im Vergleich zur Paarung mit der heißisostatisch gepressten Sialon-Variante lag der Gesamtverschleiß um mehr als den Faktor 3 niedriger (*Abb. 4.47*). Dies lässt sich mit der für verschiedene keramische Materialien beobachteten positiven Wirkung eines feinkörnigen Gefüges erklären, solange der Verschleiß nicht durch Rissbildung und anschließende größere Materialausbrüche dominiert wird. Trotz eines hohen Anteils an Glasphase liegt hier die Reibungszahl auf einem deutlich niedrigeren Niveau, kann den Wert für die additivarme HIP-Variante jedoch nicht ganz erreichen.

Eine Möglichkeit der weiteren Verbesserung der tribologischen Eigenschaften wäre die Verdichtung einer sinteradditivarmen Sialonvariante mittels FAST. Dabei könnten die Vorzüge einer glasphasenarmen Sialonkeramik mit dem feinkörnigen Gefüge, das sich durch die genannte Herstellungsmethode einstellt, miteinander gekoppelt werden.

Sialon-SiC-Verbunde

Ein nicht zu unterschätzender Vorteil von Sialon-SiC-Verbunden ist, neben der höheren Härte, deren thermische Leitfähigkeit. Diese spielt bei tribologischen Systemen mit Mangelschmierung eine große Rolle und ist bei SiC höher als in Siliciumnitridkeramiken. Die Einlagerung von SiC in die Sialon-Matrix kann dessen Wärmeleitfähigkeit somit stark steigern [149]. Durch eine bessere Wärmeabfuhr kann die Temperatur im Reibkontakt deutlich reduziert werden, was verhindert, dass das Schmiermedium Isooktan verdampft. Wenn dies geschieht, kommt es kurzzeitig zu unerwünschtem Festkörperkontakt, was sich in den tribologischen Versuchen als Reibungszahlspitze bemerkbar machte. Diese waren bei den Untersuchungen an reinen Sialonen häufig anzutreffen. Die Sialon-SiC-Verbunde mit feinkörnigem SiC (d_{50} = 0,3 µm) zeichneten sich, im Gegensatz zu dem ebenfalls mittels FAST hergestellten reinen Sialon, durch einen wesentlich ruhigeren Verlauf der Reibungszahl und ein insgesamt etwas niedrigeres Reibungszahlniveau aus. Schon bei einem SiC-Gehalt von 20 Vol.-% war eine Reduktion der Reibungszahl und deren Fluktuation zu erkennen. Mit zunehmendem SiC-Anteil konnte dabei eine Abnahme der quasistationären Reibungszahl bis auf Werte um 0,14 für die Variante mit 30 Vol.-% SiC beobachtet werden *(Abb. 4.49)*. Eine weitere Zunahme des SiC-Gehalts zeigte keine zusätzliche Verbesserung im Gleitverhalten. Dies deutet darauf hin, dass ab einem SiC-Anteil von ca. 30 Vol.-% die Perkolationsschwelle für diese Partikel in der Sialon-Matrix überschritten ist. Somit steigert eine Erhöhung der SiC-Konzentration die Wärmeleitfähigkeit nicht weiter.

Eine weitere Ursache für das verbesserte tribologische Verhalten von Sialon-SiC-Verbunden könnte durch tribochemische Reaktionen zu begründen sein. In der Literatur wurde das tribochemische Verhalten von SiC weitgehend für das Medium Wasser untersucht, doch für Isooktan oder ähnliche Kohlenwasserstoffverbindungen konnte keine Information gefunden werden. Theoretisch wird keine Reaktion von Isooktan mit SiC erwartet, doch könnte in Isooktan gelöstes Wasser typischerweise zu einer gelartigen Schmierschicht führen [99,100]. Dabei ist anzumerken, dass es sich bei dem verwendeten Versuchstribometer um ein offenes System handelt, bei dem das Medium in ständigem Kontakt und Austausch mit der Umgebungsluft ist und somit ein

Einfluss der Atmosphäre nicht ausgeschlossen werden kann. So zeigte SiC durch tribologische Beanspruchung in sauerstoffhaltiger Atmosphäre sog. „lubricious oxides“ ($Si - O_x - C_y$). Dies sind dünne, schmierwirksame Schichten mit geringer Scherfestigkeit [150]. Die Oberfläche des Sialon-SiC-Verbundes mit 50 Vol.-% SiC erschien nach Versuchsende annähernd poliert und die Mikrostruktur der Keramik war zu erkennen (*Abb. 4.51*), was auf solche tribochemisch dominierte Verschleißvorgänge hindeuten könnte.

Einen eindeutigen Einfluss auf die Reibungszahl hatte die Größe der eingelagerten SiC-Partikel. Bei dem Verbund mit 30 Vol.-% grobkörnigen SiC-Teilchen lag die quasistationäre Reibungszahl mit $\mu = 0{,}2$ ca. 40 % höher als für das feinkörnige SiC (*Abb. 4.49*). Dieses stark vom Korndurchmesser abhängige Gleitverhalten wurde bereits an unterschiedlichen Oxidkeramiken festgestellt [151]. Bei grobkörnigem Material wurde eine verstärkte Tendenz zu interkristallinem Rissverlauf beobachtet, was zum Ausbruch ganzer Körner führt, die für eine erhöhte Reibungszahl und erhöhten Verschleiß verantwortlich sind. Dagegen neigen feinkörnige Keramiken zu transkristallinem Bruchverhalten mit feinem Abrieb, der sich während der tribologischen Beanspruchung als feine Schicht an der Oberfläche des Materials anhaftet und diese somit schützt.

Oberflächenstrukturierung durch Plasmaätzen

In geschmierten Gleitsystemen begünstigen eine gute Fluidverteilung und ausreichende Schmierfilmdicke das Entstehen eines tragenden Schmiermittelfilms, wodurch Reibung und Verschleiß reduziert werden. Dies konnte in unterschiedlichen Arbeiten durch Erzeugung von Schmiertaschen bewerkstelligt werden, wie bereits in Abschnitt 2.4.5 erwähnt. Im Rahmen dieses Vorhabens sollte ein analoger Effekt durch Plasmaätzen von Sialon-Oberflächen erreicht werden. Das Plasmaätzen mit Tetrafluormethan (CF_4 + O_2) ist ein aus der Halbleitertechnologie bekanntes Verfahren. Ziel ist es dabei, an Si-Wafern eine gezielte Oberflächentopographie mittels Masken einzustellen. Durch Zünden eines Plasmas werden aus Tetrafluorkohlenstoff Fluor-Radikale abgeschieden (Gl. 5.9), welche eine Bindung mit Silizium eingehen und dieses nach und nach auflösen (Gl. 5.10).

$$CF_4 \rightarrow CF_3^* + F^* \qquad \text{Gl. 5.9}$$

$$Si + 4F^* \rightarrow SiF_4 \qquad \text{Gl. 5.10}$$

Diese Ätztechnik wurde hier auf Sialone übertragen, mit dem Ziel, ein Höhenrelief an der Oberfläche zu erzeugen [152]. Beim Plasmaätzen von Sialon-Keramiken wird die β-Phase bevorzugt angegriffen und herausgelöst, wodurch sich Mulden bilden, die als Schmiertaschen genutzt werden können. Die α-Phase besitzt eine höhere Resistenz gegen den Ätzangriff und bildet den verbleibenden Traganteil der Oberfläche [153].
Unterschiedliche Traganteile konnten somit durch Variation des α/β-Mengenverhältnisses und unterschiedliche Tiefen der Schmiertaschen durch Anpassung der Ätzparameter wie die Ätzdauer realisiert werden [154]. *Abb. 5.14* zeigt schematisch, was mit zunehmender Ätzdauer an einem gemischten α/β-Sialon geschieht. Die dunklen nadelförmigen Kristalle sollen dabei die β-Körner darstellen, die graue Matrix α-Sialon und Glasphase. Da die β-Sialon-Nadeln im Material stochastisch verteilt sind, werden einige parallel, weitere senkrecht, andere wiederum in beliebigen Winkeln zur Oberfläche ausgerichtet sein. Bei einer Ätzdauer von 5-10 Minuten werden alle Mulden etwa die gleiche Tiefe aufweisen. Nach ca. 10-minütiger Ätzbehandlung sind allerdings die parallel zur Oberfläche ausgerichteten β-Körner vollständig abgetragen, während die anderen weiterhin gelöst werden können. Die Ätztiefe sollte somit ansteigen, bis zuletzt die senkrecht angeordneten Körner vollständig abgetragen sind.
Anhand der rasterkraftmikroskopischen Untersuchungen ließ sich im Gegensatz dazu jedoch erkennen, dass nach 10-minütiger Ätzdauer kein weiterer Abtrag der Oberfläche stattfindet (vgl. *Abb. 4.54*). Da die Silicium-Taster-Spitze des AFMs eine dreieckige Spitze besitzt (*Abb. 5.15*), kann sie größere, parallel zur Oberfläche ausgerichtete Körner sehr gut darstellen, tiefe senkrechte Löcher allerdings nur bis zu einer gewissen Tiefe. Je kleiner das Loch, desto schwieriger wird die Erfassung.

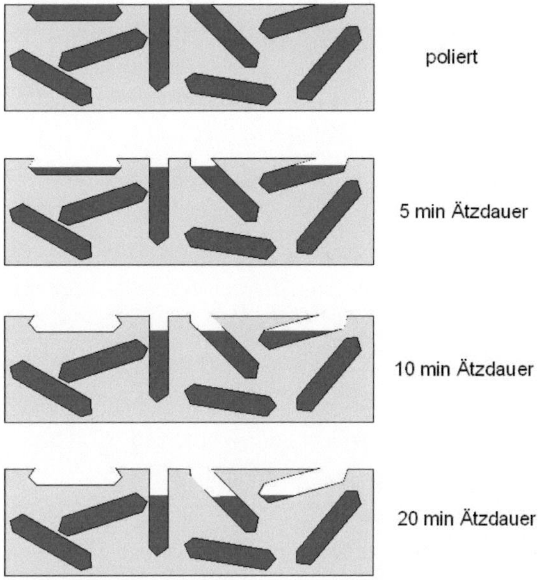

Abb. 5.14: *Schematische Darstellung des Abtrags der β-Sialon-Körner während des Plasmaätzvorgangs.*

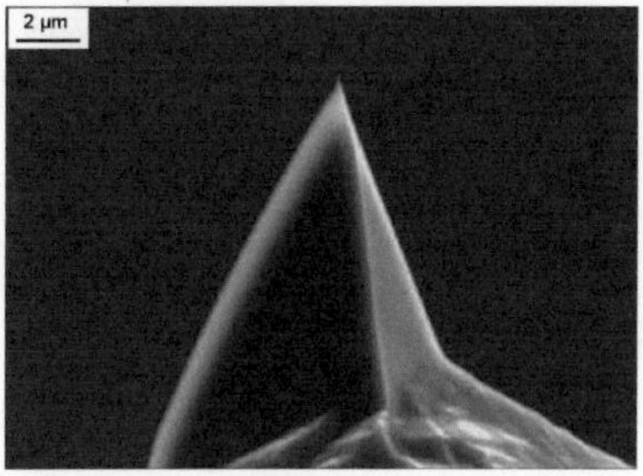

Abb. 5.15: *REM-Aufnahme der AFM Taster-Spitze.*

Dies könnte der Grund sein, weshalb die Traganteilkurven lediglich eine maximale Ätztiefe von 300-500 nm anzeigen (vgl. *Abb. 4.56*), obwohl durchaus Körner mit einer Länge von 5 µm vorhanden sind, die bei senkrechter Anordnung ebenso tiefe Löcher bewirken würden. Was zusätzlich diese Interpretation untermauert, sind die REM-Aufnahmen an den Laufflächen der geätzten Sialon-Proben nach erfolgter tribologischer Beanspruchung. Diese zeigen für die 20 bzw. 40 Minuten geätzten Proben,

dass die Strukturierung trotz Verschleißbeträgen von über 0,5 µm nach 360 m Gleitweg noch deutlich vorhanden ist (vgl. *Abb. 4.61*). Dabei erscheinen die Lücken umso größer und tiefer, je länger die Plasmaätzbehandlung war.
An Materialvariante Nd0510E1 mit einem α/β-Verhältnis von 55/45 wurde die Ätzdauer systematisch variiert, wobei tendenziell eine Abnahme der quasistationären Reibungszahl mit zunehmender Verweilzeit in der reaktiven Plasmaätzatmosphäre zu erkennen ist. Diese erreicht nach ca. 20 min eine Sättigung bei 0,12 und bleibt bei längerer Ätzdauer weiterhin auf diesem Niveau (*Abb. 5.16 (a)*).
An den Proben, die 2 bzw. 5 min plasmageätzt wurden, war ein Abfall der Reibungszahl bis unter 0,1 innerhalb der ersten 100 m Gleitweg festzustellen. Danach stieg diese langsam wieder auf Werte von 0,12 bzw. 0,14 an (vgl. *Abb. 4.59*). Dieses Verhalten ist darauf zurückzuführen, dass bei den Proben mit Ätzmulden von maximal 150-200 nm Tiefe, diese bereits nach einem kurzen Gleitweg eingeebnet bzw. abgetragen wurden (vgl. *Abb. 4.61*). Somit können diese ihre Funktion nicht mehr vollständig erfüllen. Dagegen können die Proben, die 20 bzw. 40 min geätzt wurden, über die gesamte Versuchsdauer Reibpartikel aufnehmen, wodurch sich die Reibungszahl bei 0,12 einstellt. Weiterhin ist aus *Abb. 5.16 (b)* ein deutlicher Zusammenhang zwischen dem linearen Verschleißbetrag der Platten nach einem Gleitweg von 360 m und der Ätzdauer zu erkennen. Dieser liegt bei den 2 bzw. 5 min plasmageätzten Proben auf dem Niveau der polierten Probe, da deren Oberfläche nach dem fast vollständigen Abtrag der Schmiertaschen sich wie eine optimal eingelaufene polierte Oberfläche verhält. Mit steigender Ätzdauer nimmt dagegen der lineare Verschleiß der Platten leicht zu und nähert sich asymptotisch dem Wert von ca. 0,6, obwohl gleichzeitig die Reibungszahl sinkt. Dies ist darauf zurückzuführen, dass tiefere Kavitäten weiterhin Reibpartikel aufnehmen können, die aus einem Abtrag der Oberfläche stammen, was die Gleiteigenschaften verbessert. Der Abtrag von Rauhigkeitsspitzen ist bei den Proben mit tieferen Mulden höher, da hier über die ganze Versuchsdauer eine höhere Pressung im Kontakt herrscht als bei den 2 bzw. 5 min plasmageätzten Proben, bei denen die Schmiertaschen bereits während eines kurzen Einlaufs abgetragen wurden.

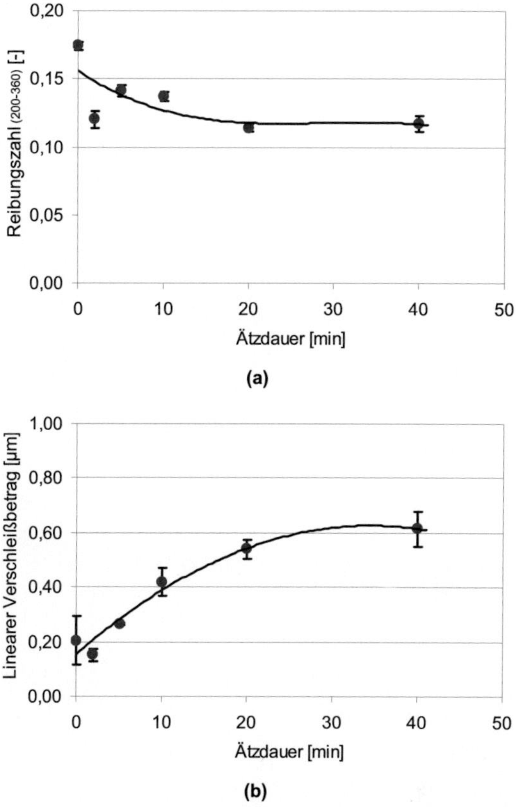

Abb. 5.16: *Quasistationäre Reibungszahl (a) und linearer Verschleißbetrag (b) von plasmageätzten Sialon-Proben mit einem α/β-Verhältnis 55/45 in Abhängigkeit der Ätzdauer.*

Die Untersuchungen bei konstanter Ätzdauer von 10 Minuten an den fünf Sialon-Varianten mit unterschiedlichen α/β-Mengenverhältnissen zeigten eine Zunahme der Schmiertaschen und Abnahme des Traganteils bei konstanter Tiefe mit steigendem β-Anteil (vgl. *Abb. 4.58*). Die Morphologie der erzeugten Vertiefungen wies dabei eine Tiefe zwischen ca. 150 nm bei der α-reichen Variante und 500 nm für das β-reiche Sialon auf. Die laterale Abmessung der Taschen liegt zwischen einigen 100 nm und maximal 4-5 µm, je nach Orientierung der β-Körner. Auch bei dieser Messreihe zeigte sich im Vergleich zum polierten oder geschliffenen Oberflächenzustand eine deutliche Verbesserung der Gleiteigenschaften. Dass bei keiner Variante eine Furchung der Plattenoberfläche zu erkennen war, spricht für eine verbesserte Schmierfilmverteilung und geringe Festkörperreibung. *Abb. 5.17 (a)* zeigt den Zusammenhang zwischen der quasistationären Reibungszahl und dem Anteil an α-Sialon-Phase.

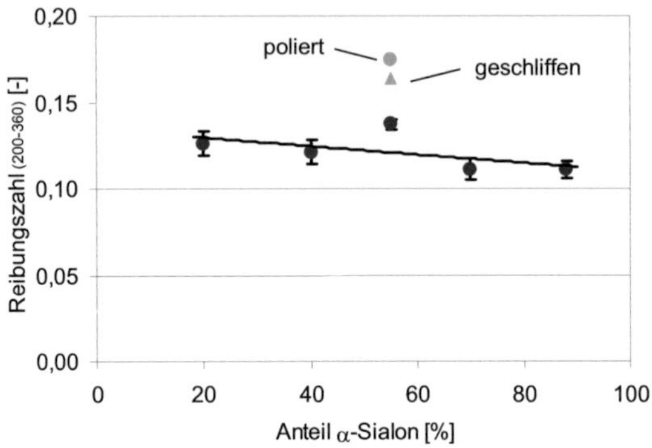

(a)

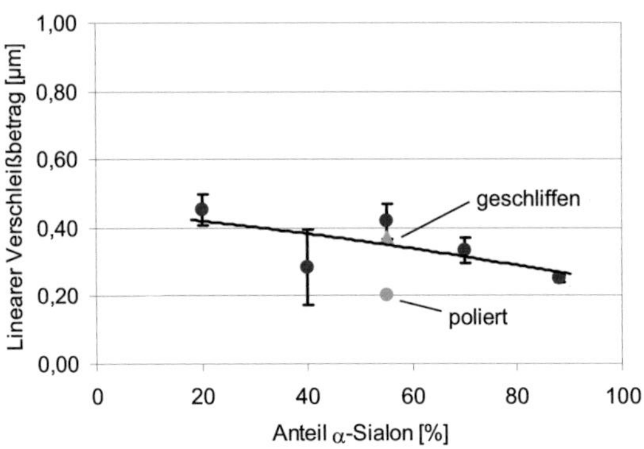

(b)

Abb. 5.17: *Quasistationäre Reibungszahl (a) und linearer Verschleißbetrag der Platten (b) von plasmageätzten Sialon-Proben in Abhängigkeit des α-Sialon-Verhältnisses nach 10 min Ätzdauer. Zum Vergleich sind polierte und geschliffene Oberflächenzustände eingetragen.*

Dabei nimmt die Reibungszahl mit zunehmendem α-Sialon-Anteil von ca. 0,13 auf 0,11 ab. Dieser leichte Vorteil für die Varianten mit einem hohen α-Anteil von 70 bis 90 % könnte damit zusammenhängen, dass neben den als Schmiertaschen wirkenden Vertiefungen ein größerer Traganteil besteht (vgl. *Abb. 4.58*), der die mechanischen Belastungen aufnehmen kann. Dies ist wohl auch der Grund, weshalb der lineare Verschleißbetrag der Platten nach einem Gleitweg von 360 m mit zunehmendem α-Sialon-Anteil abnimmt (*Abb. 5.17 (b)*). Weiterhin ist zu beachten, dass mit abnehmendem Traganteil die Hertz'sche Pressung im Kontakt zunimmt, da die aufgebrachte Last konstant gehalten wurde. Dass ein recht hoher Traganteil von 70 bis 90 % die günstigsten Gleiteigenschaften besitzt, konnte bei Untersuchungen zur Laserstrukturierung von SiC gezeigt werden. In tribologischen Untersuchungen unter Isooktan in einem Pellet-auf-Platte-Versuch wurde dabei festgestellt, dass die geringsten Reibungszahlen von Oberflächen mit einem Näpfchen-Anteil von 10 bis 30 % erreicht werden [155].

Die Oberflächenstrukturierung durch Plasmaätzbehandlung hat sich somit als eine kostengünstige und einfache Methode herausgestellt, die es erlaubt, durch Veränderung der Ätzparameter und des α/β-Anteils eine gezielte Oberflächentopographie einzustellen. Diese Technik ermöglicht es, schädigungsfrei und ohne die Verursachung von Eigenspannungen oder Mikrorissen, eine sehr feine Mikrostrukturierung einzubringen, was sich auch für Materialpaarungen mit engem Toleranzmaß anbieten würde. Tribologische Versuche bestätigen für die plasmageätzten Proben eine Verringerung der Reibungszahlen im Vergleich zu polierten bzw. geschliffenen Oberflächen von bis zu 30 %. Dies ist auf eine Steigerung des trennenden Flüssigkeitsfilms zwischen den Reibpartnern zurückzuführen, der durch eine verbesserte Hydrodynamik die Belastbarkeit erhöhen und die Reibungszahl verringern kann

6. Zusammenfassung

Tribologisch hoch beanspruchte Gleitsysteme wie Hochdruckpumpen für die Benzindirekteinspritzung besitzen ein Belastungskollektiv, das Werkstoffe mit niedrigen Reibungszahlen und geringem Verschleiß bei gleichzeitig hoher mechanischer Festigkeit erfordert. Die auf Siliziumnitrid basierenden Sialon-Keramiken empfehlen sich aufgrund ihrer guten mechanischen und tribologischen Eigenschaften sowie der thermischen und chemischen Beständigkeit für diesen Einsatz. Im Rahmen dieser Arbeit wurden Sialon-Keramiken bzw. Sialon-SiC-Verbunde für derartige Anwendungen im mediengeschmierten Gleitkontakt entwickelt. Dazu wurden sowohl das Gefüge und die Eigenschaften der Keramik systematisch variiert, als auch gezielte Veränderungen der Oberflächen und des Randbereichs erzeugt und untersucht. Durch die Wahl der Ausgangszusammensetzung sowie des Anteils an Sinteradditiv konnten das α/β-Sialon-Verhältnis, die Morphologie der Körner und die Menge an verbleibender Glasphase im Gefüge eingestellt werden, was die mechanischen Eigenschaften signifikant beeinflusste. So konnte mit steigendem α-Sialon-Gehalt in gemischten α/β-Sialon-Keramiken im Allgemeinen eine Zunahme der Härte beobachtet werden. Untersuchungen zum Risswachstumsverhalten von Sialon-Keramiken zeigten für gemischte α/β-Sialone etwas höhere Bruchzähigkeitswerte und ein ausgeprägteres R-Kurvenverhalten als für α-Phasen-reiche Varianten. Dies hängt im Wesentlichen mit dem höheren Anteil an großgewachsenen nadelförmigen β-Sialon-Körnern zusammen, die Verstärkungsmechanismen wie Rissablenkung und Rissüberbrückung hervorrufen. Es konnte weiterhin gezeigt werden, dass mit höherem Sinteradditivgehalt und einem daraus resultierenden höheren Glasphasenanteil höhere Plateau- sowie Maximalwerte in der Risswiderstandskurve erreicht werden können. Dies hängt mit einer verstärkten Tendenz zu intergranularem Bruch und Rissverzweigung zusammen, wodurch Reibbrücken und pull-out-Effekte verstärkt aktiviert werden. Bemerkenswert ist bei den untersuchten Materialien, dass auch bei hohen α-Sialon-Anteilen die Bruchzähigkeit auf einem relativ hohen Niveau bleibt. Verantwortlich für dieses Phänomen sind die zum Großteil gestreckt

gewachsenen α-Sialon-Kristalle. Diese besitzen geringere Abmessungen im Vergleich zu den nadelförmigen β-Sialon-Körnern, sind aber ebenfalls in der Lage, in geringerem Maße Rissverstärkungsmechanismen zu aktivieren.
Statische Ermüdungsversuche in Wasser und Isooktan offenbarten, dass die im Rahmen dieser Arbeit hergestellten Sialon-Keramiken mit Risswachstumsexponenten von mehr als 100 sehr unempfindlich gegenüber medienbedingtem unterkritischem Risswachstum sind. Speziell für diese Art von Materialien mit extrem hohen Risswachstumsexponenten wurde eine neue Auswertemethode entwickelt, bei der Durchläufer auf einem höheren Lastniveau erneut beansprucht werden können. Dadurch wird eine genauere Aussage über das unterkritische Risswachstum möglich. Verglichen mit Siliciumnitrid, das in Wasser einen charakteristischen Risswachstums-exponenten von ca. 45 aufweist, kann das Verhalten der untersuchten Sialon-Keramik mit einem deutlich geringeren Anteil an oxidischer Korngrenzenphase und deren unterschiedlicher Zusammensetzung in Verbindung gebracht werden. Das Verhältnis zwischen α- und β-Sialon scheint dagegen keinen bedeutenden Einfluss auf das unterkritische Risswachstum zu haben.
Um den Verschleiß tribologisch beanspruchter Funktionsflächen gering zu halten und gleichzeitig ein belastbares Bauteil zu realisieren, war es ein viel versprechender Ansatz, einen im Inneren relativ zähen Keramikkörper mit einer nach außen zunehmend härteren Randschicht zu versehen. Dies wurde zum einen durch die Technik des Kationenaustausches sowie zum anderen durch eine Erhöhung des α-Sialon-Anteils an der Oberfläche erreicht. Bei der Randschichthärtung durch Kationenaustausch wurde ein bisher nur in der Glastechnologie übliches Verfahren auf flüssigphasengesinterte Keramiken übertragen. Nach einer Verweilzeit von 8 Stunden in einer Salzschmelze stellte sich bei zwei Sialon-Varianten mit unterschiedlichen α/β-Verhältnissen eine Zunahme der Härte um ca. 8 % ein. Anhand von TEM-Untersuchungen mit Elementanalyse konnte nachgewiesen werden, dass sich Kaliumionen in den Korngrenzen einlagern, nicht aber in die Sialon-Struktur eingebaut werden. Eine vergleichbare Härtesteigerung konnte durch eine Wärmebehandlung bei 1800 °C an dichten Sialon-Keramiken durch Erhöhung des α-Sialon-Anteils an der Oberfläche erreicht werden, wobei im Probenkern das zähere β-Sialon erhalten blieb. Bei niedrigeren Behandlungstemperaturen bis 1700 °C erfolgte

die entgegengesetzte Reaktion, wodurch an der Oberfläche reine β-Sialon-Phase erzeugt wurde. Damit konnte aufgezeigt werden, dass durch eine einfache einstündige Wärmebehandlung die Oberflächenhärte in einem Bereich von ca. 400 HV10 gezielt eingestellt werden kann, ohne dabei die Eigenschaften des Probenkerns zu verändern.

Durch den Einbau feinkörniger SiC-Partikel in die Sialon-Matrix konnten Sialon-SiC-Verbunde hergestellt werden, welche die positiven Eigenschaften beider Materialien vereinen. Mittels Sinter-HIP-Verfahren, dem konventionellen Herstellungsverfahren für Sialone im Rahmen dieser Arbeit, konnten Verbunde mit maximal 5 Vol.-% SiC vollständig verdichtet werden. Mit dem Einsatz der Field Assisted Sintering Technique (FAST) konnten dagegen Materialien mit bis zu 50 Vol.-% SiC hergestellt werden, ohne den absoluten Anteil an Sinteradditiv zu erhöhen. Die Menge an eingelagerten SiC-Partikeln zeigt einen großen Einfluss auf die mechanischen Eigenschaften, mit einem annähernd linearen Anstieg des E-Moduls und der Härte bis auf Werte um 2100 HV10, was einer Steigerung von über 10 % entspricht. Dabei zeigte bereits die mittels FAST hergestellte Sialon-Referenzprobe eine Härtesteigerung von ca. 5 % gegenüber einer HIP-Probe gleicher Zusammensetzung. Die Gründe dafür sind das sehr feinkörnige Gefüge und der etwas höhere Anteil an harter α-Phase. Die Bruchzähigkeit nahm zwar mit steigendem SiC-Anteil ab, blieb aber dennoch auf einem akzeptablen Niveau.

In tribologischen Tests in Kugel-auf-Platte-Anordnung mit Isooktan als Zwischenstoff zeichneten sich die Sialon-SiC-Verbunde im Gegensatz zu den reinen Sialonen durch einen wesentlich ruhigeren Verlauf der Reibungszahl auf einem niedrigeren Niveau aus. Dies wurde auf die hohe thermische Leitfähigkeit des SiC zurückgeführt, wodurch niedrigere Temperaturen im tribologischen Kontakt entstehen. Die reinen Sialon-Varianten zeigten allerdings ein hohes Verbesserungspotential durch Maßnahmen zur Reduzierung der Glasphase und zur Verringerung der Korngröße.

Eine weitere Möglichkeit zur Verbesserung der tribologischen Eigenschaften von gemischten α/β-Sialon-Keramiken war deren Oberflächenstrukturierung durch eine Plasmaätzbehandlung. Im Rahmen dieser Arbeit wurde aufgezeigt, wie solche Oberflächenstrukturen generiert und mittels Rasterkraftmikroskopie in Form von Traganteilkurven charakterisiert werden können. Anschließende tribologische Versuche zeigten für die plasmageätzten Proben dank verbesserter Hydrodynamik deutlich geringere Reibungszahlen im Vergleich zu polierten bzw. geschliffenen Oberflächen. Die Sialon-Varianten mit einem α-Anteil zwischen 70 und 90 %, also einem hohen Traganteil der Oberfläche, wiesen dabei die niedrigsten Reibungszahlen und den geringsten Verschleiß auf.

Das in dieser Arbeit entwickelte und charakterisierte Material hat ein sehr hohes Potential für Anwendungen unter Feuchtigkeit und Wasser sowie unter Isooktan gezeigt und eignet sich daher hervorragend für Pumpenbauteile. Es ist weiterhin ein Einsatz in verschiedensten hochbeanspruchten Gleitsystemen, wie im Bereich der Schneidkeramik oder der Endoprothetik, denkbar. Allerdings ist die erfolgreiche Optimierung eines Werkstoffs für tribologische Anwendungen nur erreichbar bei Betrachtung des gesamten tribologischen Systems, in dem dieser eingesetzt werden soll.

Anhang

A.1 Einwaagenbestimmung

Sialon

Vor der Pulveraufbereitung wurden die Ausgangspulver so abgewogen, dass die einzelnen Elemente, die in den Ausgangspulvern vorhanden sind, in einem stöchiometrischen Verhältnis gemäß der allgemeinen Formel für α-Sialon $M_xSi_{12-m-n}Al_{m+n}N_{16-n}$ stehen. Dabei geben *m* und *n* den Substitutionsgrad im Mischkristall an und *x* ist durch $x = m/\nu$ definiert und damit von der Wertigkeit ν des Kations $M^{\nu+}$ in der Gitterlücke abhängig. In *Tab. A.1* sind die relativen Atommassen A_r der einzelnen Elemente aufgelistet, die in einer mit Neodymoxid als Sinteradditiv hergestellten Sialon-Keramik vorhanden sind.

Element	Nd	Si	Al	O	N
Atommasse $A_r \left[\frac{g}{mol}\right]$	144,240	28,086	26,982	15,999	14,007

Tab. A.1: *Atommassen der Elemente von hergestellten Sialon-Keramiken.*

Die relative Atommasse einer Verbindung A_xB_y wird gemäß

$$A_r(A_xB_y) = xA_r(A) + yA_r(B) \qquad \text{Gl. A.1}$$

berechnet, so dass sich für die an der Sialonbildung beteiligten Verbindungen, die in *Tab. A.2* gezeigten Atommassen ergeben.

Verbindung	Si_3N_4	SiO_2	AlN	Al_2O_3	Nd_2O_3
Atommasse $A_r \left[\frac{g}{mol}\right]$	140,283	60,084	40,988	101,960	336,477

Tab. A.2: *Relative Atommassen der zur Herstellung von Sialon beteiligten Verbindungen.*

Die Stoffmenge *n* eines Elementes *A* wird aus der Masse *m* einer Verbindung A_xB_y nach

$$n(A) = \frac{m(A_x B_y)}{A_r(A_x B_y)} x \qquad \text{Gl. A.2}$$

berechnet. Zudem reagieren die nitridischen Ausgangspulver mit dem Sauerstoff der Luft, so dass diese einen gewissen Oxidanteil aufweisen, der vom jeweiligen Hersteller angegeben wird (vgl. *Tab. A.3*).

Ausgangspulver	Si_3N_4	AlN
Oxidgehalt [Masse-%]	2,385 SiO_2	2,124 Al_2O_3
Nitridgehalt [Masse-%]	97,615 Si_3N_4	97,876 AlN

***Tab. A.3:** Oxid- und Nitridgehalte der nitridischen Ausgangspulver.*

Dadurch sind die genauen Massenanteile der Verbindungen bekannt, so dass nach *Tab. A.4* die Stoffmengen der einzelnen Elemente bei gegebener Masse der Ausgangspulver berechnet werden können. *Tab. A.4* zeigt die Stoffmengen der Elemente, die in jeweils 100 g Ausgangspulver enthalten sind.

Ausgangspulver	Masse [g]	Stoffmenge *n* [*mol*]				
		Nd	*Si*	*Al*	*O*	N
Si_3N_4	100	0	2,1272	0	0,0794	2,7833
AlN	100	0	0	2,4296	0,0625	2,3879
Al_2O_3	100	0	0	1,9616	2,9423	0
Nd_2O_3	100	0,5944	0	0	0,8916	0

***Tab. A.4:** Stoffmengengehalte der Elemente der jeweiligen Sialon-Ausgangspulver.*

Anhand der bekannten Stoffmengenanteile, wurden die Massen der jeweiligen Ausgangspulver berechnet, um eine stöchiometrische Zusammensetzung nach der allgemeinen Formel für α-Sialon $M_xSi_{12-m-n}Al_{m+n}N_{16-n}$ zu erreichen. Zuerst wurde die Masse des Si_3N_4- Ausgangspulvers nach

$$m(Si_3N_4) = \frac{(12 - m - n)mol}{n_r(Si(Si_3N_4))} \qquad \text{Gl. A.3}$$

berechnet, um *12-m-n* mol Si zu erhalten. Dabei ist $n_r(Si(Si_3N_4))$ die relative Stoffmenge, also die Stoffmenge Si, die pro Gramm Si_3N_4-Ausgangspulver enthalten ist. Um *16-n mol* Stickstoff zu erhalten, wurde berücksichtigt, dass durch das Si_3N_4-Ausgangspulver schon Stickstoff vorhanden ist. Der Restanteil an Stickstoff wird aus dem AlN-Ausgangspulver gestellt, dessen Masse nach

$$m(AlN) = \frac{(16-n)mol - m(Si_3N_4)n_r(N(Si_3N_4))}{n_r(N(AlN))} \qquad \text{Gl. A.4}$$

berechnet wird. Analog ergibt sich die Masse an Al_2O_3-Ausgangspulver nach

$$m(Al_2O_3) = \frac{(m+n)mol - m(AlN)n_r(N(AlN))}{n_r(N(Al_2O_3))}. \qquad \text{Gl. A.5}$$

Die Masse an Nd_2O_3-Ausgangspulver berechnet sich aus

$$m(Nd_2O_3) = \frac{xmol}{n_r(Nd(Nd_2O_3))}. \qquad \text{Gl. A.6}$$

Werden die einzelnen Massen der Ausgangspulver addiert, ergibt sich die Gesamtmasse m_{ges}, so dass die Massenanteile der Verbindungen nach

$$q(A_xB_y) = \frac{m(A_xB_y)}{m_{ges}} \qquad \text{Gl. A.7}$$

berechnet werden. Wird die Sialon-Keramik mit einem Additivüberschuss E an Nd_2O_3 versehen, so verändert sich der Massenanteil an Nd_2O_3 gemäß

$$q_E(Nd_2O_3) = q\ (Nd_2O_3)(1+E) \qquad \text{Gl. A.8}$$

Dabei ist q_E der Massenanteil bei vorhandenem Additivüberschuss. Die Massenanteile der anderen Ausgangspulver werden allgemein nach

$$q_E(A_xB_y) = q(A_xB_y)\frac{100\% - q_E(Nd_2O_3)}{100\% - q(Nd_2O_3)} \qquad \text{Gl. A.9}$$

berechnet.

Über die Berechnung der Volumenanteile der einzelnen Verbindungen $f_V(A_xB_y)$ nach

$$f_V(A_xB_y) = \frac{\frac{q(A_xB_y)}{\rho(A_xB_y)}}{\sum\frac{q(A_xB_y)}{\rho(A_xB_y)}}, \qquad \text{Gl. A.10}$$

mit den Dichten der Verbindungen $\rho(A_xB_y)$ kann die theoretische Dichte des Pulvers gemäß

$$\rho_{\text{theoretisch}} = \sum f_V(A_xB_y)\rho(A_xB_y) \qquad \text{Gl. A.11}$$

bestimmt werden. Somit ergibt sich bei beliebigem Pulvervolumen V die Gesamteinwaage aus

$$m_{\text{Einwaage}} = \rho_{theoretisch}V \ . \qquad \text{Gl. A.12}$$

Sialon-SiC

Bei der Herstellung der Sialon-SiC-Verbunde wurde der Volumenanteil an SiC $f_V(SiC)$ vorgegeben und dieser einer beliebigen Sialon-Zusammensetzung beigemischt. Die Einwaage an SiC wurde folglich nach Gl. A.13 berechnet.

$$m(SiC) = \rho(SiC)f_V(SiC)V \qquad \text{Gl. A.13}$$

Zusammensetzungen

Aufgelistet sind die Probenzusammensetzungen der im Rahmen dieser Arbeit hergestellten Sialone (*Tab. A.5*, *Tab. A.6*) und Sialon-SiC-Verbunde (*Tab. A.7*). Die Angaben setzen oxidfreies Silicium- und Aluminiumnitrid voraus.

	Nd_2O_3	Si_3N_4	AlN	Al_2O_3
Nd0310E1	3,2	86,6	5,2	5,0
Nd0410E1	4,2	85,0	6,1	4,7
Nd0410E6	6,2	83,3	6,0	4,6
Nd0510E1	5,3	83,4	7,0	4,3
Nd0510E6	7,7	81,3	6,8	4,2
Nd0510E10	9,6	79,6	6,7	4,1
Nd0510E15	12,0	77,5	6,5	4,0
Nd0710E1	7,3	80,4	8,7	3,7
Nd1010E1	10,1	76,0	11,1	2,8

Tab. A.5: *Probenzusammensetzungen der untersuchten Sialone in Massen-%.*

	Nd	Si	Al	O	N
Nd0310E1	0,7	91,0	8,3	4,3	95,7
Nd0410E1	0,9	90,1	9,0	4,3	95,7
Nd0410E6	1,4	89,7	8,9	4,8	95,2
Nd0510E1	1,2	89,3	9,6	4,4	95,6
Nd0510E6	1,7	88,8	9,5	4,9	95,1
Nd0510E10	2,2	88,3	9,5	5,4	94,6
Nd0510E15	2,8	87,8	9,4	6,0	94,0
Nd0710E1	1,7	87,5	10,8	4,4	95,6
Nd1010E1	2,4	84,9	12,7	4,5	95,5

Tab. A.6: *Probenzusammensetzungen der untersuchten Sialone in Äquivalent-%.*

	Nd_2O_3	Si_3N_4	AlN	Al_2O_3	SiC
Nd0510E2_SiC5	5,5	79,0	6,6	4,1	4,8
Nd0510E6_SiC5	7,3	77,4	6,5	4,0	4,8
Nd0510E10_SiC5	9,1	75,9	6,3	3,9	4,8
Nd0510E10_SiC20	7,7	64,4	5,4	3,3	19,2
Nd0510E10_SiC30	6,8	56,8	6,1	1,3	29,0
Nd0510E10_SiC50	4,9	41,0	4,4	0,9	48,8
Nd0510E15_SiC50	6,2	40,1	3,3	2,1	48,3

Tab. A.7: *Probenzusammensetzungen der untersuchten Sialon-SiC-Verbunde in Massen-%.*

A.2 Eindringtiefe des Röntgenstrahls bei XRD-Untersuchungen

Die Intensität eines Röntgenstrahls, der ein Material mit der Dicke x durchdringt, kann anhand Gl. A.14 beschrieben werden [156]:

$$I_x = I_0 e^{-(\mu/\rho)\rho x} \quad \text{Gl. A.14}$$

Dabei ist I_0 die Intensität des einfallenden Röntgenstrahls, μ der lineare Absorptionskoeffizient und ρ die Dichte des Materials. Werte für die Massenabsorptionskoeffizienten (μ/ρ) aller Elemente für unterschiedliche charakteristische Wellenlängen sind in [157] angegeben.

Im Falle einer Sialon-Keramik, die aus mehreren Elementen besteht, müssen die Massenabsorptionskoeffizienten dieser einzelnen Elemente (*Tab. A.8*) nach Gl. A.15 addiert werden, wobei ist *w* der jeweilige Gewichtsanteil ist.

	Nd	Si	Al	O	N
μ/ρ [cm^2/g]	417,90	65,32	50,23	11,03	7,14

Tab. A.8: *Massenabsorptionskoeffizienten der in Sialon vorhandenen Elemente für Cu-Kα-Strahlung.*

$$\frac{\mu}{\rho} = w_{Nd}\left(\frac{\mu}{\rho}\right)_{Nd} + w_{Si}\left(\frac{\mu}{\rho}\right)_{Si} + w_{Al}\left(\frac{\mu}{\rho}\right)_{Al} + w_{O}\left(\frac{\mu}{\rho}\right)_{O} + w_{N}\left(\frac{\mu}{\rho}\right)_{N} \quad \text{Gl. A.15}$$

Da die Koeffizienten für Si und N denen von Al und O recht ähnlich sind, wirkt sich deren Substitutionsgrad nur wenig auf den gemittelten Absorptionskoeffizienten für Sialon aus. Auffällig ist allerdings der sehr hohe Wert für das Element Neodym. In *Abb. A.1.* sind die Intensitäten der Röntgenstrahlung über die Eindringtiefe von zwei Sialonvarianten gleicher Grundzusammensetzung m = 0,5 und n = 1,0 mit 10 bzw. 150 % Überschuss an Neodymoxid aufgetragen. Es ist dabei zu erkennen, dass bei Variante Nd0510E1 90 % der Intensität nach ca. x = 120 µm absorbiert wurde, während bei Variante Nd0510E15 dafür nur ca. x = 80 µm notwendig sind.

Wie erwartet, ist bei der Sialonkeramik mit dem höheren Anteil an Sinteradditiv die Abschwächung des Röntgenstrahls größer und somit die Eindringtiefe geringer.

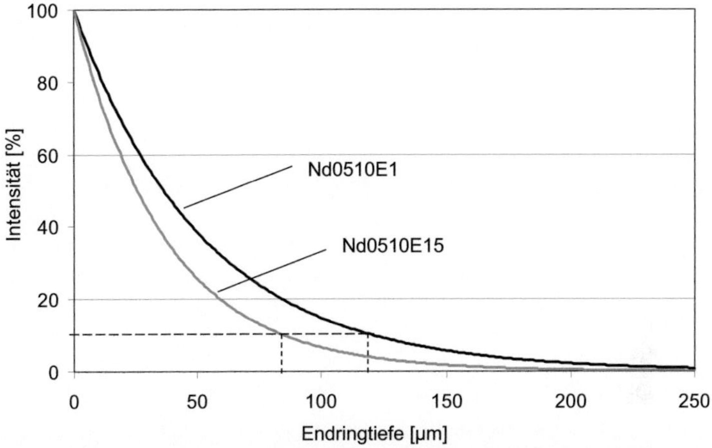

Abb. A.1: *Verlauf der Intensität von Cu-Kα-Strahlung über die Eindringtiefe x in Sialon-Keramiken mit unterschiedlichem Sinteradditivüberschuss.*

Um die Eindringtiefe bei röntgendiffraktometrischen Untersuchungen zu bestimmen, muss berücksichtigt werden, dass der Einfallswinkel des Röntgenstrahls nicht senkrecht auf die Probenoberfläche trifft, sondern in einem weiten Winkelbereich 2θ von ca. 12 bis 76 °, was einem θ-Winkel von 6 bis 38° entspricht. Anhand trigonometrischer Zusammenhänge (*Abb. A.2*) lässt sich die tatsächliche Eindringtiefe *x'* des Röntgenstrahls in die Probe in Abhängigkeit des Einfallswinkels nach Gl. A.16 berechnen.

$$x' = \frac{x}{2}\sin\theta \qquad \text{Gl. A.16}$$

Dabei muss berücksichtigt werden, dass der einfallende Röntgenstrahl an den Gitternetzebenen gebeugt wird und den gleichen Wegbetrag zurücklegt, um aus dem Material auszutreten, bevor er detektiert wird.

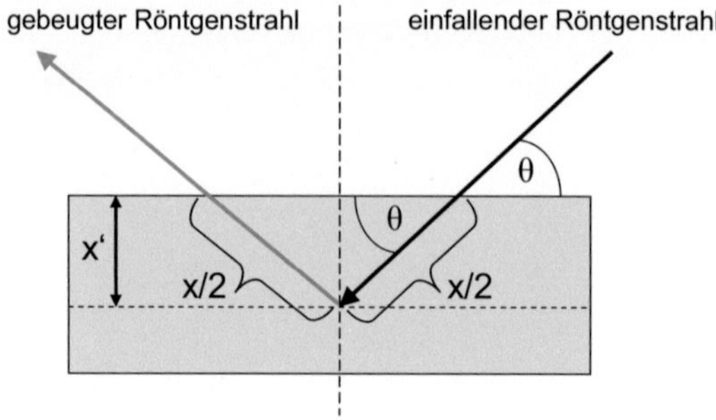

Abb. A.2: *Eindringtiefe x' in Abhängigkeit des Einfallswinkels θ.*

In *Abb. A.3* ist dieser Zusammenhang für die zwei Sialonkeramiken dargestellt. Dabei wird von den Eindringtiefen für 90 %-igen Intensitätsabfall aus *Abb. A.1* ausgegangen.

Daraus kann gefolgert werden, dass die Information bei röntgenographischen Untersuchungen an Sialon, je nach Zusammensetzung des Materials, aus einer maximalen Tiefe von ca. 4 bis 40 µm stammt.

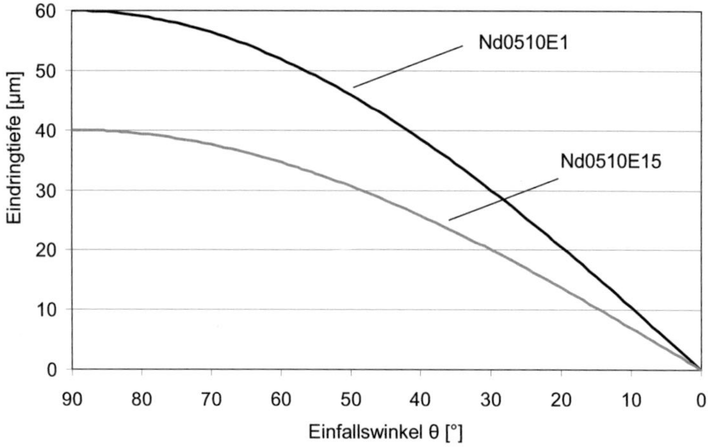

Abb. A.3: *Verlauf der Eindringtiefe x' von Cu-Kα-Strahlung (90 % Intensitätsabfall) in Sialon-Keramiken mit unterschiedlichem Sinteradditivüberschuss in Abhängigkeit des Einfallswinkels θ.*

Literaturverzeichnis

[1] PETZOW G., HERRMANN M.: *Silicon Nitride Ceramics*. In: Structure and Bonding, **102**: 50, Springer-Verlag, Berlin - Heidelberg, 2002.

[2] DRESSLER W., RIEDEL R.: *Progress in silicon-based non-oxide structural ceramics*. Int. Refract. Met. Hard Mater., **15**: 13-47, 1997.

[3] RILEY L.: *Silicon Nitride and Related Materials*. J. Am. Ceram. Soc., **83** (2): 245–265, 2000.

[4] HOFFMANN M.J.: *High-Temperature Properties of Si_3N_4 Ceramics*. MRS-Bulletin, **2**: 28-32, 1995.

[5] HAMPSHIRE S., POMEROY M.J.: *Viscosities of Oxynitride Glass and the Effects on High Temperature Behaviour of Silicon Nitride-Based Ceramics*. Key Eng. Mat., **287**: 259-264, 2005.

[6] JACK K.H., WILSON W.I.: *Ceramics Based on the Si-Al-O-N and Related Systems*. Nature (London), Phys. Sci., **238**: 28-29, 1972.

[7] OYAMA Y., KAMIGAITO O.: *Solid Solubility of Some Oxides in Si_3N_4*. Jpn. J. Appl. Phys., **10**: 1637-1642, 1971.

[8] JACK K.H: Review: *Sialons and related nitrogen ceramics*. J. Mater. Sci., **11**: 1135-1158, 1976.

[9] JÄNECKE E.: *Über eine neue Darstellungsform der wässrigen Lösungen zweier und dreier gleichioniger Salze, reziproker Salzpaare und der van't Hoffschen Untersuchungen über ozeanische Salzablagerungen.* Z. Allg. Anorg. Chem., **51**: 132-157, 1906.

[10] GRÜN R.: *The Crystal Structure of β–Si_3N_4: Structural and Stability Considerations Between α– and β– Si_3N_4*. Acta Cryst. B, **35**: 800-804, 1979.

[11] BOSKOVIC S., GAUCKLER L.J., PETZOW G., TIEN T.Y.: *Reaction Sintering Forming β–Si_3N_4 Solid Solutions in the System Si, Al/N,O: I. Sintering of SiO_2-AlN Mixtures*. Powder Met. Int., **9** (4): 185-189, 1977.

[12] EKSTRÖM T., NYGREN M.: *SiAlON Ceramics*. J. Am. Ceram. Soc., **75** (2): 259-276, 1992.

[13] SHEN Z., NYGREN M.: *On the Extension of the α-SiAlON Phase Area in Yttrium and Rare-Earth Doped Systems*. J. Eur. Ceram. Soc., **17**: 1639-1645, 1997.

[14] HARDIE D., JACK K.H.: *Crystal Structures of Silicon Nitride*. Nature, **180**: 332-333, 1957.

[15] NAKAYASU T., YAMADA T., TANAKA H., ADACHI H., GOTO S.: *Electronic Structures of Ln^{3+} α-SiAlONs with Correlations to Solubility and Solution Effects*. J. Am. Ceram. Soc., **79** (10): 2527-2532, 1996.

[16] GAUCKLER L.J., LUKAS H.L., PETZOW G.: *Contribution to the Phase Diagram Si_3N_4-AlN-Al_2O_3 SiO_2*. J. Am. Ceram. Soc., **58** (7-8): 346-347, 1975.

[17] HOLZER S., GEẞWEIN H., HOFFMANN M.J.: *Phase relationships in Neodymia and Ytterbia containing SiAlONs*. Key Eng. Mat., **237**: 43-48, 2003.

[18] EKSTRÖM T., NYGREN M.: *SiAlON Ceramics*. J. Am. Ceram. Soc., **75** (2): 259-276, 1992.

[19] SHEN Z.J., NYGREN M.: *Implications of kinetically promoted formation of metastable alpha-sialon phases.* J. Eur. Ceram. Soc., **21** (5): 611-615, 2001.

[20] CHATFIELD C., EKSTRÖM T., MIKUS M.: *Microstructural investigation of alpha-beta yttrium sialon materials*. J. Mater. Sci., **21**: 2297-2307, 1986.

[21] HOLZER, S.: *Neodym- und ytterbiumhaltige Sialon-Keramiken: Phasenbeziehungen, Gefügeausbildung und mechanisch-tribologische Eigenschaften*. Dissertation, Institut für Keramik im Maschinenbau, Universität Karlsruhe, Ikm042, 2005.

[22] VERMA A.R., KRISHNA P.: *Polymorphism and Polytypism in Crystals*. John Wiley and Sons Inc., New York, 1966.

[23] METSELAAR R.: *Terminology for Compounds in the Si-Al-O-N System*. J. Eur. Ceram. Soc., **18**: 186-184, 1998.

[24] CHENG Y.-B., THOMPSON D.P.: *Aluminum-Containing Nitrogen Melilite Phases*. J. Am. Ceram. Soc., **77** (1): 143-148, 1994.

[25] MANDAL H.: *$\alpha \Leftrightarrow \beta$ Phase Transformations in Silicon Nitride and Sialons*. Key. Eng. Mat., **159-160**: 1-10, 1999.

[26] RAHAMAN M.N.: *Ceramic Processing And Sintering*. Second Edition, Dekker, New York, 2003.

[27] KINGERY W.D.: *Densification during Sintering in the presence of Liquid Phase, I. Theory*. J. Appl. Phys., **30** (3): 301-306, 1959.

[28] HAMPSHIRE S., JACK K.H.: *The Kinetics of densification and Phase Transformation of Nitrogen Ceramics*. In: TAYLOR, D. und P. POPPER (Hrsg.): Special Ceramics, **7**: 37-49, British Ceramic Society, 1981.

[29] BARTEK A., EKSTRÖM T., HERBERTSSON H., JOHANNSSON T.: *Yttrium α-SiAlON Ceramics by Hot Isostatic Pressing and Post-Hot Isostatic Pressing*. J. Am. Ceram. Soc., **75** (2): 432-439, 1992.

[30] HOFFMANN M.J, HOLZER S.: *Processing and Microstructural Evolution of Rare Earth Containing SiAlONs.* Key Eng. Mat., **237**: 141-148, 2003.

[31] EKSTRÖM T.: *Effect of Composition: Phase Content and Microstructure on the Performance of Yttrium Si-Al-O-N Ceramics.* Mater. Sci. Eng., **A109**: 341-349, 1989.

[32] CINIBULK M.K., THOMAS G.: *Fabrication and Secondary-Phase Crystallization of Rare-earth Disilicate-Silicon Nitride Ceramics*, J. Am. Ceram. Soc., **81** (8): 2037-2043, 1992.

[33] HAVIAR M.: *The influence of α-Si_3N_4 and β-Si_3N_4 Precursors on Formation of α-SiAlON Ceramics.* J. Eur. Ceram. Soc., **16**: 665-670, 1996.

[34] ROSENFLANZ A., CHEN I.-W.: *Kinetics of Phase Transformation in SiAlON Ceramics: I. Effects of Cation Size, Composition and Temperature.* J. Eur. Ceram. Soc., **19**: 2325-2335, 1999.

[35] ASHKIN A., ASHKIN D., BABUSHKIN O., EKSTRÖM T.: *At Temperature Observation of Phase Development in Yttrium α-SiAlON.* J. Eur. Ceram. Soc., **15**: 1101-1109, 1995.

[36] CHENG Y.B., THOMPSON D.P.: *Preparation and grain boundary devitrification of samarium doped α-sialon ceramics.* J. Eur. Ceram. Soc., **14**: 13-21, 1994.

[37] MANDAL H., THOMPSON D.P., EKSTRÖM T.: *Reversible $\alpha \leftrightarrow \beta$ sialon transformation in heat treated sialon ceramics.* J. Eur. Ceram. Soc., **12**: 412, 1993.

[38] LIU Q., GAO L., YAN D.S., THOMPSON D.P.: *Thermal stability and mechanical performance of multiply heat-treated α-sialon ceramics densified with rare earth oxides.* J. Mater. Sci., **35** (9): 2229-2233, 2000.

[39] FALK L.K.L., SHEN Z.J., EKSTRÖM T.: *Microstructural Stability of Duplex α-/β-Sialon Ceramics.* J. Eur. Ceram. Soc., **17**: 1099-1112, 1997.

[40] SHEN Z.J., NYGREN M.: *Kinetic aspects of superfast consolidation of silicon nitride based ceramics by spark plasma sintering.* J. Mater. Chem., **11**: 204-207, 2001.

[41] XIONG Y., ZHANG Q., LEE S.W., NIIHARA K.: *Translucent Mg-α-Sialon Ceramics Prepared by Spark Plasma Sintering.* J. Am. Ceram. Soc., **90** (5): 1647-1649, 2007.

[42] SHEN Z., PENG H., NYGREN M.: *Formation of in-situ reinforced microstructure in α-sialon ceramics I: Stoichiometric oxygen-rich compositions.* J. Mater. Res., **17**: 336-342, 2002.

[43] HIRATSUKA D., TATAMI J., MEGURO T., KOMEYA K.: *Fabrication and evaluation of beta-SiAlON nanoceramics.* Key Eng. Mat., **317-318**: 633-636, 2006.

[44] CHIHARA K., HIRATSUKA D., TATAMI J., WAKAI F., KOMEYA K.: *High-temperature deformation of α-SiAlON nanoceramics without additives*. Scripta Mat., **56**: 871-874, 2007.

[45] AYAS E., KARA A., KARA F.: *A novel approach for preparing electrically conductive alpha/beta SiAlON-TiN composites by spark plasma sintering*. J. Ceram. Soc. Jpn. **116**: 812-814, 2008.

[46] HOTTA M., GOTO T.: *Preparation of beta SiAlON-cBN Composites by Spark Plasma Sintering*. Key Eng. Mat., **403**: 241-242, 2009.

[47] GOGOTSI Y.G.: *Review: Particulate silicon nitride-based composites*. J. Mater. Sci. **29**: 2541-2556, 1994.

[48] BITTERLICH B., FRIEDERICH K., MANDAL H.: *SiAlON-SiC-composites for cutting tools*. Adv. Sci. Technol., **45**: 1786-1791, 2006.

[49] VLUEGELS J., JIANG D.T., VAN DER BIEST O.: *Development and characterisation of SiAlON composites with TiB_2, TiN, TiC and TiCN*. J. Mater. Sci. **39**: 3375-3381, 2004.

[50] KAO M.Y.: *Properties of Silicon Nitride-Molybdenum Disilicide Particulate Ceramic Composites*. J. Am. Ceram. Soc., **76** (11): 2879–2883, 1993.

[51] IIZUKA T., KITA H., HYUGA H., HIRAI T., OSUMI K.: *In situ Synthesis and Microstructure of Tungsten Carbide-Nanoparticle-Reinforced Silicon Nitride-Matrix Composites*. J. Am. Ceram. Soc., **87** (3): 337–341, 2004.

[52] OTT H.: *Das Gitter des Karborunds (SiC)*. Z. Krist. **61**: 515-531, 1925.

[53] SCHAFFER P.T.B.: *A Review of the Structure of Silicon Carbide*. Acta Cryst. B, **25**: 477-488, 1969.

[54] ADDAMIANO A.: *Speculations on the Origins of the Polytypism of SiC*. Proc. 3rd Int. Conf. Silicon Carbide, Miami FL, Univ. S. Carolina Press, Columbia, S.C., 179-183, 1974.

[55] SALMANG H., SCHOLZE H.: *Keramik*. Berlin - Heidelberg - New York, Springer, 2007.

[56] ALDINGER F., BÖCKER W.: *Entwicklung keramischer Hochleistungswerkstoffe*. Keram. Z. **44** (3): 164-172 und (4): 236-240, 1991.

[57] HOFFMANN M.J.: *Herstellung von SiC-Whiskerverstärktem Si_3N_4 durch ein kombiniertes Sinter-HIP-Verfahren*. Dissertation, Universität Stuttgart, 1989.

[58] HERRMANN M., KLEMM H., SCHUBERT C.: *Handbook of Ceramic Hard Materials*. Weinheim, Wiley-VCH, 2000.

[59] SANTOS C., KELLY C.A., RIBEIRO S., STRECKER K., SOUZA J.V.C., SILVA O.M.M.: *α-Sialon-SiC composites obtained by gas-pressure sintering and hot-pressing*. J. Mater. Process. Tech., **189**: 138-142, 2007.

[60] BITTERLICH B., BITSCH S., FRIEDERICH K.: SiAlON based ceramic cutting tools. J. Eur. Ceram. Soc., **28**: 989-994, 2008.

[61] SOUZA J.V.C., SANTOS C., KELLY C.A., SILVA O.M.M.: *Development of α-SiAlON-SiC ceramic composites by liquid phase sintering*. Int. J. Refract. Met. H., **25**: 77-81, 2007.

[62] LEWIS M.H., FUNG R., TARLIN D.M.R.: *Indentation plasticity and fracture of Si_3N_4 ceramic alloys*. J. Mater. Sci. **16**: 3437-3446, 1981.

[63] GRESKOVICH C., GAZZA G.E.: *Hardness of dense α- and β-Si_3N_4 ceramics*. J. Mater. Sci. Let., **4**: 195-196, 1985.

[64] LAWN B.: *Fracture of Brittle Solids*. Cambridge University Press, 1993.

[65] MUNZ D., FETT T.: *Ceramics - Failure, Material Selection, Design*. Springer Verlag Heidelberg, Germany, 1999.

[66] CHEN I.W., ROSENFLANZ A.: *A tough sialon ceramic based on α-Si_3N_4 with a whisker-like microstructure*. Nature, **389**: 701-704, 1997.

[67] LI C.W., YAMANIS J.: *Super-Tough Silicon Nitride with R-Curve Behaviour*. Ceram. Eng. Sci. Proc. **10**: 632-645, 1989.

[68] BECHER P.F., SUN E.Y., HSUEH C.H., PAINTER G.S., MORE K.L.: *Role of Intergranular Films in Toughened Ceramics*. Key Eng. Mat., **175-176**: 97-106, 2000.

[69] SAJGALIK P., DUSZA J., HOFFMANN M.J.: *Relationship between Microstructure, Toughening Mechanisms, and Fracture Toughness of Reinforced Silicon Nitride Ceramics*. J. Am. Ceram. Soc., **78** (10): 2619-2624, 1995.

[70] SUN E.Y., BECHER P.F., PLUCKNETT K.P., HSUEH C.-H., ALEXANDER K.B., WATERS S.B., HIRAO K., BRITO M.E.: *Microstructural Design of Silicon Nitride with Improved Fracture Toughness: II, Effects of Yttria and Alumina Additive*s. J. Am. Ceram. Soc., **81** (11): 2831-2840, 1998.

[71] CHEN I.-W., SHUBA R.A., ZENOTCHKINE M.Y.: *Development of Tough α-SiAlON*. Key Eng. Mat., **237**: 65-78, 2003.

[72] CLAUSSEN N., Umwandlungsverstärkte keramische Werkstoffe. Z. Werkstofftech., **13**: 138-147, 1982.

[73] KRÄMER M., HOFFMANN M.J., PETZOW G.: *Growth Kinetics of Si_3N_4 During α/β-Transformation*. Acta Metall. Mater., **41** (10): 2939-2947, 1993.

[74] STEINBRECH R., KNEHANS R., SCHAARWÄCHTER W.: *Increase of crack resistance during slow crack growth in Al_2O_3 bend specimens.* J. Mater. Sci., **18**: 265-270, 1983.

[75] FREI H., GRATHWOHL G.: *The fracture resistance of high performance ceramics by in situ experiments in the SEM.* Beitr. Elektronenmikroskop. Direktabb. Oberfl., **22**: 71-78, 1989.

[76] ZENOTCHKINE M.Y., SHUBA R.A., KIM J.S., CHEN I.-W.: *R-Curve Behavior of In Situ Toughened α-SiAON Ceramics.* J. Am. Ceram. Soc., **84** (4): 884-886, 2001.

[77] ZENOTCHKINE M.Y., SHUBA R.A., CHEN I.-W.: *Effect of Heating Schedule on the Microstructure and Fracture Toughness of α-Sialon – Cause and Solution.* J. Am. Ceram. Soc., **85** (7): 1882-1884, 2002.

[78] FETT T., FÜNFSCHILLING S., HOFFMANN M.J., OBERACKER R., JELITTO H., SCHNEIDER G.A.: *R-curve determination for the initial stage of crack extension in Si_3N_4.* J. Am. Ceram. Soc., **91** (11): 3638-3642, 2008.

[79] RÖDEL J., KELLY J.F., LAWN B.R.: *In situ measurements of bridged crack interfaces in the scanning electron microscope.* J. Am. Ceram. Soc., **73**: 3313-3318, 1990.

[80] FETT T., MUNZ D., SEIDEL J., STECH M., RÖDEL J.: *Correlation between long and short crack R-curves in alumina using the crack opening displacement and fracture mechanical weight function approach.* J. Am. Ceram. Soc., **79** (5): 1189-1196, 1996.

[81] NJIWA A.B.K., FETT T., RÖDEL J., QUINN G.D.: *Crack-tip toughness measurements on a sintered reaction-bonded Si_3N_4.* J. Am. Ceram. Soc., **87** (8): 1502-1508, 2004.

[82] FÜNFSCHILLING S., FETT T., HOFFMANN M.J., OBERACKER R., JELITTO H., SCHNEIDER G.A.: *Determination of the crack-tip toughness in silicon nitride ceramics.* J. Mater. Sci. Letters, **44**: 335-338, 2009.

[83] MUNZ D., FETT T.: *Mechanisches Verhalten keramischer Werkstoffe*, Springer Verlag Berlin, Heidelberg, Germany, 1989.

[84] SCHOLZE H.: *Glas: Natur, Struktur, Eigenschaften.* Springer Verlag, Berlin, Heidelberg, New York, 1988.

[85] GRATHWOHL G. (Herausgeber): *Mechanische Eigenschaften keramischer Konstruktionswerkstoffe.* DGM Informationsgesellschaft mbH, 1993.

[86] KUNTZ M., GRATHWOHL G.: *Unterkritisches Risswachstum.* In: KOLLENBERG W. (Herausgeber): *Technische Keramik*, Vulkan-Verlag Essen, 2004

[87] EUROPÄISCHES KOMITEE FÜR NORMUNG: *Bestimmung der Parameter des unterkritischen Risswachstums aus Biegefestigkeitsprüfungen mit konstanter Spannungsrate.* DIN EN 843-3, 2005.

[88] FETT T, MUNZ D.: *Determination of v-K_I-curves by a modified evaluation of lifetime measurements in static bending tests*. J. Am. Ceram. Soc., **68** (8): C213-C215, 1985.

[89] WIEDERHORN S.M., FREIMAN S.W., FULLER E.R., SIMMONS C.J.: *Effects of Water and Other Dielectrics on Crack Growth*. J. Mater. Sci., **17**: 3460-3478, 1982.

[90] FETT T., BADENHEIM D., OBERACKER R., HEIERMANN K., NEJMA R.: *Subcritical crack growth of Al_2O_3, determined by different methods*. J. Mater. Sci. Lett., **22**: 363-365, 2003.

[91] T. LUBE, J. DUSZA: *A silicon nitride reference material - A testing program of ESIS TC6*. J. Eur. Ceram. Soc., **27**: 1203–1209, 2007.

[92] JACOBS D.S., CHEN I.W.: *Mechanical and Environmental Factors in the Cyclic and static Fatigue of Silicon Nitride*. J. Am. Ceram. Soc., **77** (5): 1153-1161, 1994.

[93] BHATNAGAR A., HOFFMANN M.J., DAUSKARDT R.H.: *Fracture and Subcritical Crack-Growth Behavior of Y-Si-Al-O-N Glasses and Si_3N_4 Ceramics*. J. Am. Ceram. Soc., **83** (3): 585-596, 2000.

[94] JAHANMIR S.: *Friction and Wear of Ceramics*. Marcel Dekker Inc., New York, 1994.

[95] CZICHOS H., HABIG K.-H.: *Tribologie-Handbuch*. Vieweg Verlag, 2003.

[96] HABIG K.-H.: *Verschleiß und Härte von Werkstoffen*. Carl Hanser Verlag, 1980.

[97] WOYDT M.: *Werkstoffkonzept für den Trockenlauf*. Tribologie + Schmierungstechnik, **44**: 14-19, 1997.

[98] FISCHER T.E.: *Chemical Aspects of Ceramic Tribology*. J. Phys. Chem., **96**: 5690-5701, 1992.

[99] SKOPP A.: *Tribologisches Verhalten von Siliziumnitridwerkstoffen bei Festkörpergleitreibung zwischen 22 °C und 1000 °C*. BAM-Forschungsbericht Nr. 197, 1993.

[100] PÖHLMANN K., ZUM GAHR K.-H.: *Mikrotribologische Untersuchungen an einkristallinem SiC nach thermischer Oxidationsbehandlung*. Z. Metallkunde **91**: 544-551, 2000.

[101] KURAMA S., SCHULZ I., HERRMANN M.: *Wear behaviour of α- and α/β-SiAlON ceramics stabilized with Nd_2O_3 and Y_2O_3*. J. Eur. Ceram. Soc., **29**: 155-162, 2009.

[102] ABO-NAF S.N., DULIAS U., SCHNEIDER J., ZUM GAHR K.-H., HOLZER S., HOFFMANN M.J.: *Mechanical and tribological properties of Nd- and Yb-SiAlON composites sintered by hot isostatic pressing*. J. Mater. Process. Tech., **183**: 264-272, 2007.

[103] PETTERSSON U., JACOBSON S.: *Influence of surface texture on boundary lubricated sliding contacts*. Tribol. Int., **36**: 857-864, 2003.

[104] WAKUDA M., YAMAUCHI S., KANZAKI S., YASUDA Y.: *Effect of surface texturing on friction reduction between ceramic and steel materials under lubricated sliding contact.* Wear, **254**: 356-363, 2003.

[105] SUH N.P., MOSLEH M., HOWARD P.S.: *Control of friction.* Wear, **175**: 151-158, 1994.

[106] SCHRECK S., ZUM GAHR K.-H.: *Laser-assisted structuring of ceramic and steel surfaces for improving tribological properties.* Appl. Surf. Sci., **247**: 616-622, 2005.

[107] ZUM GAHR K.-H., MATHIEU M., BRYLKA B.: *Friction control by surface engineering of ceramic sliding pairs in water.* Wear, **263**: 920-929, 2007.

[108] WÖPPERMANN M., ZUM GAHR K.-H.: *Stahl/Keramik-Gleitpaare mit laserstrukturierten Funktionsflächen unter reversierender Beanspruchung in Wasser und Isooktan.* Tribologie + Schmierungstechnik, **55**: 5-9, 2008.

[109] OMORI, M.: *Sintering consolidation, reaction and crystal growth by the spark plasma system (SPS).* J. Mater. Eng., **287**: 183-188, 2000.

[110] SALAMON D., SHEN Z., SAJGALIK P.: *Rapid formation of α-Sialon during spark plasma sintering: Its origin and implications*, J. Eur. Ceram. Soc., **27**: 2541-2574, 2007.

[111] MANDAL H., THOMPSON D.P.: *Reversible $\alpha \Leftrightarrow \beta$ Sialone Transformation in Heat-Treated Sialon Ceramics.* J. Eur. Ceram. Soc., **12**: 421-429, 1993.

[112] BINNIG G., QUATE C.F., GERBER C.: *Atomic Force Microscope*, Phys. Rev. Lett., **56**: 930, 1986.

[113] NORMENAUSSCHUSS MATERIALPRÜFUNG IM DIN DEUTSCHES INSTITUT FÜR NORMUNG E.V.: *Hochleistungskeramik- Mechanische Eigenschaften monolithischer Keramik bei Raumtemperatur- Teil4: Härteprüfung nach Vickers, Knoop und Rockwell.* DIN EN 843-4, 2005.

[114] NIIHARA K., MORENA R., HASSELMAN D.P.H.: *Evaluation of K_{Ic} of brittle solids by the indentation method with low crack-to-indent ratios,* J. Mater. Sci. Let., **1**: 13-16, 1982.

[115] ANSTIS G.R., CHANTIKUL P., LAWN B.R., MARSHALL D.B.: *A Critical Evaluation of Indentation Techniques for Measuring Fracture Toughness: I, Direct Crack Measurements,* J. Am. Ceram. Soc., **64** (9): 533-538, 1981.

[116] CHANTIKUL P., ANSTIS G.R., LAWN B.R., MARSHALL, D.B.: *A Critical-Evaluation of Indentation Techniques for Measuring Fracture-Toughness: II, Strength Method.* J. Am. Ceram. Soc., **64** (9): 539-543, 1981.

[117] NORMENAUSSCHUSS MATERIALPRÜFUNG IM DIN DEUTSCHES INSTITUT FÜR NORMUNG E.V.: *Hochleistungskeramik - Prüfverfahren zur Bestimmung der Bruchzähigkeit von monolithischer Keramik - Teil 5: Verfahren für Biegeproben mit V-Kerb (SEVNB-Verfahren).* DIN CEN/TS 14425-5, 2004.

[118] FETT T., NJIWA A.B.K., RÖDEL J.: *Crack opening displacements of Vickers indentation cracks*. Eng. Fract. Mech., **72**: 647-659, 2005.

[119] SCHNEIDER G.A., FETT T.: *Computation of the Stress Intensity Factor and COD for Submicron Sized Indentation Cracks*. J. Ceram. Soc. Jpn., **114**: 1044-1048, 2006.

[120] JELITTO H., FELTEN F., SWAIN M.V., BALKE H., SCHNEIDER G.A.: *Measurement of the Total Energy Release Rate for Cracks in PZT Under Combined Mechanical and Electrical Loading*. J. Appl. Mech., **74**: 1197-1211, 2007.

[121] NORMENAUSSCHUSS MATERIALPRÜFUNG IM DIN DEUTSCHES INSTITUT FÜR NORMUNG E.V.: *Hochleistungskeramik - Monolithische Keramik - Mechanische Eigenschaften bei Raumtemperatur - Teil 1: Bestimmung der Biegefestigkeit.* DIN EN 843-1, 1995.

[122] QUINN G.D., BRADT R.C.: *On the Vickers Indentation Fracture Toughness Test.* J. Am. Ceram. Soc., **90** (3): 673-680, 2007.

[123] FETT T., FÜNFSCHILLING S., HOFFMANN M.J., OBERACKER R., JELITTO H., SCHNEIDER G.A.: *R-Curve Determination for the Initial Stage of Crack Extension in* Si_3N_4. J. Am. Ceram. Soc., **91** (11): 3638-3642, 2008.

[124] SCHRÖDER H., GLIEMEROTH G.: *Festigkeitserhöhung von Gläsern durch Oberflächenbehandlung*. Naturwissenschaften, **57**: 533-541, 1970.

[125] GREIL P., PETZOW G., TANAKA H.: *Sintering and HIPping of silicon nitride-silicon carbide composite materials*. Ceram. Int., **13** (1): 19-25, 1987.

[126] CAMPBELL P., LAOUI T., CELIS J.P., VAN DER BIEST O.: *The influence of intergranular phases on the tribological performance of sialons*. Mat. Sci. Eng., **A207**: 72-86, 1996.

[127] HOLZER S., HOFFMANN M.J.: Randschichthärtung einer technischen Keramik durch Kationenaustausch. Anmelder: CeramTec AG Innovative Ceramic Engineering. Patentanmeldung Nr. 102004052531.

[128] RIESCH-OPPERMANN H., RIVA M., KRAFT O., HOFFMANN M.J.: *Better resolution of mechanical strength data using advanced stochastic tools*. Euromat-B13, Nürnberg, 2007.

[129] CARMAN A., PERELOMA E., CHENG Y.-B.: *Reversibile* $\alpha' \leftrightarrow \beta'$ *transformation in preferentially oriented sialon ceramics*. J. Eur. Ceram. Soc., **26**: 1337-1349, 2006.

[130] NORDBERG L.-O., NYGREN M..: *Stability and Oxidation Properties of RE-*α*-Sialon Ceramics (RE = Y, Nd, Sm, Yb)*. J. Am. Ceram. Soc., **81** (6): 1461-1470, 1998.

[131] WANG P.L., ZHANG C., SUN W.Y., YAN D.S.: α*-Sialon-AlN-Polytipoid Composite Ceramics*. Key Eng. Mat., **161-163**: 325-328, 1999.

[132] KESSLER S.: *Kristallisationsprozesse in heißgepresster Siliciumnitridkeramik.* Dissertation, Universität Stuttgart, 1993.

[133] LANGER J., HOFFMANN M.J., GUILLON O.: *Direct comparison between hot pressing and electric field-assisted sintering of submicron alumina.* Acta Mater. **57**: 5454-5465, 2009.

[134] NISHIDA T., HANAKI Y., PEZZOTTI G.: *Effect of Notch-Root Radius on the Fracture Toughness of a Fine-Grained Alumina.* J. Am. Ceram. Soc., **77** (2): 606-608, 1994.

[135] KAWASHIMA T., OKAMOTO H., YAMAMOTO H., KITAMURA A.: *Grain-Size Dependence of Fracture Toughness in Silicon Nitride Ceramics.* J. Ceram. Soc. Jpn., **99**: 320-324, 1991.

[136] BECHER P.F., SUN E.Y., PLUCKNETT K.P., ALEXANDER K.B., HSUEH C.-H., LIN H.-T., WATERS S.B., WESTMORELAND C.G., KANG E.-S., HIRAO K., BRITO M.E.: *Microstructural Design of Silicon Nitride with Improved Fracture Toughness: I, Effects of Grain Shape and Size.* J. Am. Ceram. Soc., **81** (11): 2821-2830, 1998.

[137] MUNZ D.: *What Can We Learn from R-Curve Measurements?* J. Am. Ceram. Soc., **90** (1): 1-15, 2007.

[138] KRUZIC J.J., SATET R.L., HOFFMANN M.J., CANNON R.M., RITCHIE R.O.: *The Utility of R-Curves for Understanding Fracture Toughness-Strength Relations in Bridging Ceramics.* J. Am. Ceram. Soc., **91** (6): 1986-1994, 2008.

[139] IWASA M., ANDO K., OGURA N.: *Process zone size fracture criterion for ceramics.* Jpn. Soc. Mech. Engrs. **56** (521): 2353-2358, 1990.

[140] KIM B.A., ANDO K., SATO S.: *Effect of grinding on cracks and the strength of ceramics.* Fatigue Fract. Eng. Mater. Struct. **17** (2): 187-200, 1994.

[141] RIVA M., HOFFMANN M.J., OBERACKER R., FETT T.: *Subcritical crack growth in SiAlON ceramics from a modified static lifetime test including multiple use of survivals.* J. Mater. Sci, **43**: 402-405, 2008.

[142] RIVA M., HOFFMANN M.J., OBERACKER R., FETT T.: *Subcritical crack growth of α/β-Sialon ceramics in distilled water.* Key. Eng. Mat., **403**: 129-132, 2009.

[143] FETT T., RIVA M., HOFFMANN M.J., OBERACKER R., MUNZ D.: *Determination of v-K curves from lifetime tests with reloaded suvivals.* Int. J. Mat. Res., **99**: 1107-1112, 2008.

[144] BECHER P.F., SUN E.Y., HSUEH C.-H., ALEXANDER K.B., HWANG S.-L., WATERS S.B., WESTMORELAND C.G.: *Debonding of interfaces between beta-silicon nitride whiskers and Si-Al-Y oxynitride glasses.* Acta Mater., **44**: 3881-3893, 1996.

[145] SUN E.Y., BECHER P.F., HSUEH C.-H., PAINTER G.S., WATERS S.B., HWANG S.-L., HOFFMANN M.J.: *Debonding behaviour between β-Si3N4 whiskers and oxynitride glasses with or without an epitaxial β-Sialon interfacial layer*. Acta Mater., **47**: 2777-2785, 1999.

[146] HOLZER S., HUCHLER A., NAGEL A., HOFFMANN M.J.: *Sialon Ceramics: Processing, Microstructure and Properties*. Cer. Trans., **142**: 161-175, 2003.

[147] PETER E., ZUM GAHR K.-H.: *Influence of surface finish and sliding speed on oscillating sliding wear of laser modified oxide ceramics in aqueous media*. Mat.-wiss. u. Werkstofftech., **36**: 129-135, 2005.

[148] XIE Z.-H., HOFFMANN M., MOOD R.J., MUNROE P.R., CHENG Y.-B.: *Sliding wear of calcium α-sialon ceramics*. Wear, **260**: 387-400, 2006.

[149] EBLAGON F., EHRLE B., GRAULE T., KUEBLER J.: *Development of silicon nitride/silicon carbide composites for wood-cutting tools*. J. Eur. Ceram. Soc., **27**: 419-428, 2007.

[150] SKOPP A., WOYDT M.: *Charakterisierung des tribologischen Verhaltens von keramischen Gleitpaarungen mit moderner Oberflächenanalytik*. Mat.-wiss. u. Werkstofftechn., **22**: 289-300, 1991.

[151] ZUM GAHR K.H., BUNDSCHUH W., ZIMMERLIN B.: *Effect of grain size on friction and sliding wear of oxide ceramics*. Wear, **162-164**: 269-279, 1993.

[152] TÄFFNER U., HOFFMANN M.J., KRÄMER M., PETZOW G.: *Ein Vergleich zwischen verschiedenen physikalisch-chemischen Ätzverfahren für Siliciumnitridkeramiken*. Prakt. Metallogr., **27**: 385-390, 1990.

[153] MITOMO M., SATO Y., AYUZAWA N., YASHIMA I.: *Plasma Etching of α-Sialon Ceramics*. J. Am. Ceram. Soc., **74** (4): 856-858, 1991.

[154] RIVA M., OBERACKER R., HOFFMANN M.J., ZIEBERT C.: *Surface structuring of α/β-Sialon Ceramics by Plasma-Etching*. Key. Eng. Mat., **403**: 99-102, 2009.

[155] WÖPPERMANN M., ZUM GAHR K.-H., SCHNEIDER J.: *Erhöhung der Belastbarkeit von mediengeschmierten Stahl/Keramik-Gleitpaaren*. Tribologie - Fachtagung 2009, Gesellschaft für Tribologie (GfT), Göttingen 2009, S. 43/1-10.

[156] CULLITY B.D., STOCK S.R.: *Elements of X-Ray Diffraction*. Prentice Hall, New Jersey, 2001.

[157] WILSON A.J.C. ED.: *International Tables for Crystallography*. Vol. A-C, Dordrecht Kluwer Academic Pub. For International Union of Crystallography, 1995.